祝酒词
顺口溜

即兴演讲震全场 · 临场发挥不紧张

张达◎编著

沈阳出版发行集团

沈阳出版社

图书在版编目（CIP）数据

祝酒词顺口溜 / 张达编著 . -- 沈阳：沈阳出版社，
2024.6（2024.12重印）
ISBN 978-7-5716-3988-4

Ⅰ.①祝… Ⅱ.①张… Ⅲ.①酒文化–中国 Ⅳ.
① TS971.22

中国国家版本馆 CIP 数据核字（2024）第 094477 号

出版发行：沈阳出版发行集团 | 沈阳出版社
　　　　（地址：沈阳市沈河区南翰林路 10 号　邮编：110011）
网　　　址：http://www.sycbs.com
印　　　刷：三河市祥达印刷包装有限公司
幅面尺寸：170 mm×240 mm
印　　　张：12
字　　　数：150 千字
出版时间：2024 年 6 月第 1 版
印刷时间：2024 年 12 月第 3 次印刷
选题策划：博　月
责任编辑：王冬梅
封面设计：天下书装
版式设计：梁　娇
责任校对：张　磊
责任监印：杨　旭

书　　　号：ISBN 978-7-5716-3988-4
定　　　价：59.80 元

联系电话：024-24112447　024-62564955
E-mail：sy24112447@163.com

PREFACE

　　祝酒词是在重大庆典或者友好往来的宴会上发表的讲话。在这样的场合，人们以酒为媒介，用热情的语言，表达自己美好的祝愿。祝酒不仅仅是简单的祝福，现在已经发展成为一种招待宾客的礼仪。主人和客人都可以致祝酒词。

　　祝酒词应该具有欢快、热情的基调。宴会是大家互相交流和祝福的场合，所以祝酒词应该以积极且温馨的语言来展现，让听众能感受到其中饱含的祝福之情。我们还可以使用一些俏皮、有趣的词语来增加祝酒词的活力，让整个宴会的氛围更加轻松活跃。

　　由于祝酒的场合比较热闹或者隆重，而大家又往往急于举杯相庆，所以祝酒词的篇幅不宜过长，语言要简洁且富有吸引力。同时，祝酒词也可以充分发挥创意和展现个性，根据宴会的主题或者庆贺对象的特点来设计。

　　在婚宴上，新人的祝酒词可以表达自己对未来婚姻生活的向往，感谢亲朋好友对这段感情的支持。两位新人之间相识和相逢的小故事也可以跟宾客分享。亲朋好友的祝酒词则可以分享自己跟这对新人之间的故事，甚至可以是其他人不知道的无伤大雅的"糗事"，本质上都包含了对新人的祝福，所以轻松一些也无妨。

　　在职场宴会上，祝酒词就变成了一种社交话术。通过它，我们既要拉近自己跟同事、领导之间的距离，又要展现自己大方得体的形象。这种场合的祝酒词应该包含自己对同事和领导的感谢。我们要在致辞中回忆工作上受到帮助的细节，突出自己的真诚，同时还要展示自己谦虚的态度以及自己继续学习和进步的决心。

在商务活动当中，为了表达合作双方互相之间的尊重，祝酒词需要规范和正式一些。一般在商务宴会上大家都要展现自身的实力，所以祝酒词中可以简要概括一下我方迄今为止所获得的成就，以及对于今后双方的交流与合作表示期盼和祝福。

总的来说，祝酒词是为了活跃宴会上的气氛，所以可以多使用一些富有节奏感、简短且韵脚相同的语句，以增加祝酒词的韵律美，避免古板和生硬。

本书收录了大量经典而实用的祝酒词，可以帮助读者迅速理解祝酒词的结构和逻辑，以更有效和快速地将其应用到实际场景当中去。本书还增设了"酒桌小百科"版块，方便读者了解酒桌文化和酒桌规矩，在各种场合都能做到得体自如、有礼有节。

CONTENTS 目录

第一章

夸人的祝酒词

01 夸帅哥的祝酒佳句

一杯美酒，祝您事业有成，步步高升；
两杯美酒，祝您家庭和睦，幸福安康；
三杯美酒，祝您身体健康，万事如意。
眼镜一戴，属您最帅；眼镜一脱，喝得更多。
戴眼镜学问高，喝酒肯定有绝招。
浓眉大眼八字胡，喝酒肯定不含糊。

帅哥长得帅，喝酒不耍赖。
人帅个子高，媳妇随便挑。
人帅会说话，业绩肯定不会差；
人帅会演讲，将来是个董事长。

一壶浊酒喜相逢，兄弟情深似海涌。
酒是世间千般滋味，唯独大哥的酒最醇厚。
今日借酒祝大哥，岁月悠长，健康常伴；
家庭和睦，幸福美满。干杯！

让我们举杯共饮，向那些在困境中依然坚守、砥砺前行的男士们致敬。
愿你们在酒的世界里找到自己的味道，品味生活的酸甜苦辣。
祝福你们在生活的战斗中永远屹立不倒，成就辉煌！
祝福你们在人生的道路上，如酒般畅快，如诗般浪漫，享受每一个美好的瞬间！

头发理得平，喝酒肯定行。
头发根根站，喝酒不用劝。
头发梳得光，喝酒要喝光。
头发向前趴，喝酒顶呱呱。
头发往后背，前途放光辉。

头发两边分，喝酒肯定最认真。
发型这么时尚，喝酒一定是您强项。

02 夸美女的祝酒佳句

美女喝杯酒，祝您美丽无忧愁，
不长年龄不长岁，只涨工资和地位！
青青的山，绿绿的水，
也比不上您如花似玉的美。
漂漂亮亮的好模样，标标准准的旺夫相。

美女一枝花，全靠酒当家。
喝杯青春酒，美丽跟您走！
天蓝蓝，海蓝蓝，喝完这杯往下传。
白酒、红酒、小啤酒，祝我们友谊天长地久。
干杯！愿您在新的一年里，
事业有成、家庭幸福、身体健康！

漂亮的女人是钻石，贤惠的女人是宝库。
女人也是半边天，不喝也要沾一沾。
喝酒吃菜，青春常在；
吃菜喝酒，越喝越有。
喝了杯中酒，所有好事跟着您来走！
来，给您端杯福气酒；
祝您吃好喝好，招财进宝！

酒桌小百科

餐桌的主位在哪里？

餐桌的主位一般是视野最好的位置，属于贵宾位置，也叫"上八位"。

★ 如果是圆桌，主人位就是正对房间大门的位置。

★ 如果是八仙桌，而且正对大门，主人位就在正对大门位置的右侧位。

祝酒词 顺口溜

好运成双对，荣华又富贵！

人美嘴巴甜，家里不缺钱；
人美又可爱，人见人来爱。
美女美女真美丽，喝起酒来像雪碧；
美女一笑俩酒窝，简直好看得没法儿说。
祝您美丽如鲜花，浪漫胜樱花，
每次购物有钱花，天天收到玫瑰花。

包房不大，风景如画；美女不多，全在这桌。
在今天这个开心的时刻，我来给美女敬杯酒。
第一杯酒，我就祝美女不长眼袋不长纹，只长妖娆和妩媚。来，您请干！
您看，美女大眼睛亮晶晶，越看越像李冰冰；人美个子高，女神模样样样都达标。
第二杯酒，我就祝美女顺风顺水顺财神，朝朝暮暮有人疼，天天都能有人爱，今年20，明年18，后年就喝娃哈哈。

在此，我建议大家共同举起手中的酒杯，
祝愿我们的美女寿星生日快乐，
同时也祝愿在座的各位女神美丽胜鲜花，
手里有钱随意花，天天有人给送花，
只做一个无比动人的女人花。

女人不喝一般的酒，
一般的女人不喝酒，
喝酒的女人不一般。
您有闭月羞花之貌，
喝酒肯定是您爱好。
酒沾唇，福满门。干杯！

这第一杯酒您先尝，
给您端杯魅力无穷酒，
祝您型也有，貌也有，青春美丽人人瞅。

这第二杯酒您再尝，
给您端杯好事成双酒，
祝您快乐常有，钞票常有，财运好事跟着走。
这一杯美丽，两杯财，三杯好运跟着来，
祝美女不长斑，不长痘，天天吃喝不长肉；
今年美，明年美，一年更比一年美！

一杯香茗品女德，一壶美酒话桑麻。
三五好友聚茶社，四海宾朋聚酒吧。
千金难买回头笑，回眸一笑值千金。
回眸一笑百媚生，增添美丽靠美酒。
一杯小酒，一份情意，
喝下健康，留住美丽，
祝您越长越好看。

相聚都是知心友，先敬小妹一杯酒。
妹妹和我感情深，端起杯子一口闷。
妹妹和我感情浅，端起杯子舔一舔。
少小离家老大回，这杯我请小妹陪。

美女如您，笑容灿烂如花，
举杯邀明月，共饮此佳酿。
愿您的生活如这美酒般醇厚，
如诗如画，幸福安康。

酒桌小百科

红酒杯这样拿才对

高脚杯的正确使用方式有两种：

★ 手持杯柱。握杯柱时要用拇指、食指和中指夹住红酒杯的杯柱。

★ 手握杯座。

红酒对于温度十分敏感，握住杯柱或杯座能避免体温影响红酒的温度，破坏红酒的口感。

03 夸男人的祝酒佳句

每一口都甘甜，每一次都畅快。
酒杯里面乾坤大，一口饮尽万般情。
男士之志，酒杯相映。
壮志豪情，酒中豪杰。
祝男同胞们酒量如海深，心情似酒浓。

在场的男士们，
祝你们每次举杯都碰出火花，
每次倒酒都充满期待。
愿你们的酒杯中装满欢笑与故事，
每一道风景都有美酒相伴。
一杯敬过往，二杯敬未来，
三杯敬我的朋友，干杯！

岁月如歌，友情如酒。
一杯敬过往，感恩有您相伴；
二杯敬未来，期待与您共赴更多美好时光。
愿哥们儿事业有成，步步高升；
家庭和睦，幸福美满。
让我们为友谊干杯！

我要敬每一位努力奋斗的男士：
你们的努力和智慧铸就了今天的成果。
为你们骄傲，为你们干杯！

敬在座的每一位男士，
感谢你们的勇敢和智慧，
让我们一起为勇气和智慧干杯！

让我们举杯共饮，

向那些在困境中依然坚守、砥砺前行的男士们致敬。

祝福你们在生活的战斗中永远屹立不倒，成就辉煌！

愿您在酒的世界里找到自己的味道，

品味生活的酸甜苦辣。

每一滴酒都是一个故事，

每一个故事都是一段人生。

祝您喝得畅快，活得痛快！

酒虽好喝，但别贪杯哦。

愿您在享受生活的同时，

也能保持健康的体魄。

祝您酒量如海深，人生如诗行。

酒到福到，酒满福满。

贵人吃贵酒，贵人吃鳜鱼。

酒洒贵人身，情急似海深。

端杯不落地，落地没心意。

女人端一杯，男人咋能推，喝！

并非每一滴泪水都为悲伤而流淌，

并非每一次微笑都为快乐而绽放。

朋友，当我们的距离远了，

记得在心里装个灯塔，

酒桌小百科

用白酒敬酒时怎么拿杯子？

★ 敬白酒时，一定要用右手拿杯，用左手会显得不尊重对方。

★ 正确的敬酒姿势是站起身后，上身微躬，右手端着酒杯，左手托住杯底。

★ 女性敬酒的话，可以用左手朝正上方托住杯底，保持姿势美观。

照亮彼此的道路。
祝您一生平安顺遂，永远灿烂如初。

男有福，女有财，两手插在兜里；
酒倒满，不喝醉，一生平步青云。
男人不怕醉后吐真言，
喝了二两酒顶起半边天。
祝愿您的事业蒸蒸日上，
祝愿您的生活红红火火！

愿各位男士的每一天都充满阳光和笑声，
每一刻都值得珍藏，
每一步都走向成功。
在这美好的时光里，
让我们举杯共饮，
为友谊、团结和勇气干杯！

此刻，我要为在座的每一位男士送上最真挚的祝福：
愿你们的生活充满幸福的阳光，
事业如日中天，家庭温馨和睦。
愿你们永远怀着一颗感恩的心，
珍惜彼此的陪伴与支持。

回忆我们共同度过的日子，
仿佛一部壮丽的史诗，
充满着激情、奋斗和胜利。
让我们继续这段美好的旅程，
携手共进，再创辉煌。
愿各位男士健康、幸福、快乐，
事业蒸蒸日上！

要想发大财，酒杯端起来。
酒杯碰得叮当响，将来孩子都当董事长。

祝在座的各位贵宾，所有的好朋友们：

开心每一秒，快乐每一天，

幸福每一年，健康到永远。

愿大家：

事事如意，多赚人民币；

万事顺心，多挣美金；

万事兴旺，多挣英镑。

总之一句话，多挣钱，少生气。

身体健康，万寿无疆。

男士就要有风度，一杯白酒先下肚，

漂亮女生坐一旁，白酒也能变蜜糖。

祝您吃不愁，穿不愁，不住平房住高楼，

天天潇洒，夜夜温柔，生活如同锦上花，

大财小财天天发，今年发，明年发，发到银行搬回家。

事业蒸蒸日上，财源滚滚到家，

家中招财进宝，生活锦上添花。

喝酒不喝白，感情上不来。

美酒只能暖人心，绝对不让您喝晕。

美酒倒进小酒杯，酒到面前您莫推。

穿西装，打领带，一看喝酒就不赖。

要想事业更辉煌，喝酒要比别人强。

阁下喜欢坐中间，酒量肯定不一般。

老板生意想成功，快将美酒喝一盅。

第一杯：祝您万事吉祥，万事如意，万事亨通好运气。

酒桌小百科

酒桌上你一定要知道的敬酒顺序

正确的敬酒顺序应该是从全桌辈分或年龄最大的长辈或领导开始，然后按照顺时针的方向挨个儿敬酒。敬酒时应该等长辈或领导相互喝过酒后再去，而且要特别注意一次只能敬一个人。

第二杯：祝您好事成双，出门风光，钞票只往兜里装。

第三杯：一杯金，二杯银，三杯喝出聚宝盆。

看您一直不说话，喝酒肯定不害怕，因为沉默是金，喝酒不晕。

04 夸女人的祝酒佳句

举杯祝每位女士，
愿你们的优雅和智慧，
像这杯酒的余韵一样悠长。
让我们共同为女士们的幸福与成功干杯，
愿你们的人生如同美酒一般，越陈越香！

最后，让我们再次举杯，
为所有美丽、勇敢、智慧的女性祝酒：
愿你们的生活充满幸福，
愿你们的未来更加美好！
谢谢大家！

尊敬的_____，
在这个美好的时刻，
愿您如花般绽放，
岁月静好，幸福常伴左右；
愿您的人生如诗如画，
幸福快乐，芳香四溢。

亲爱的女士，
愿您的笑容如春花般绽放，
生活如美酒般醇厚。
祝您生活如意，健康长寿，
生活甜蜜，笑容灿烂。

亲爱的女士们，

让我为你们献上最美好的祝福：
愿你们的人生如这杯红酒，越陈越香，回味无穷；
愿你们的美丽如同透明的酒杯，越看越喜欢；
愿你们的事业如酒一般芬芳四溢，蒸蒸日上；
愿你们的生活如同美酒般醇厚，幸福满满。

女士们，今晚举杯共饮，
愿我们的友情如酒一样，越陈越香；
愿我们的生活如诗一样，韵味绵长。
祝大家笑口常开，幸福安康！

送您三首歌：
一首健康歌，愿您身体强壮壮的；
一首温馨歌，愿您爱情甜蜜蜜的；
一首逍遥歌，愿您生活喜滋滋的。
歌曲有效期限：一辈子！

祝您拥有甜甜的笑容，美美的模样，
连连的好运，久久的幸福，
愿您一直是一八的心态和快乐，
二八的青春和年华，
三八的身段和甜蜜！

祝您生活越来越好，长相越看越俏，
经济再往上搞，别墅、钻石、珠宝，

酒桌小百科

请客吃饭点菜有学问

★ 主人应该请客人点菜，但假如客人谦让，主人也不用太过勉强。
★ 点菜时不要花费太长时间，口味上要照顾大多数人，可以征求客人的意见。
★ 主菜的数量要比客人多一到两个，再配一个冷盘和一道汤。
★ 食材相同的菜，做法要不同。

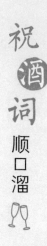

挣钱如同割草，自我感觉贼好，
外加幸福骚扰。
我真为您这样的女人骄傲！

喝了这杯酒，您一定会越来越漂亮，
越来越年轻，越来越可爱，越来越讨人喜欢，
身材会越来越苗条，身体会越来越好，
气色会越来越红润，容光焕发，精神抖擞……
不相信您现在就干了这杯酒，
立马见效，干杯！

姐妹情深，喝酒平分；
姐妹情厚，两杯不够。
一杯情，二杯意，
三杯喝出真情意。

05 夸长辈的祝酒佳句

敬爱的_____，岁月如歌，感恩有您相伴。
新的一年，愿您福寿安康，笑口常开；
愿您家庭和睦，万事顺遂。
敬您一杯，共庆美好未来。

岁月如歌，感恩有您，
值此佳节，举杯同庆。
愿长辈们在新的一年里身体健康、心情愉快、
生活幸福，畅享天伦之乐。
让我们共同祝愿家运昌隆，国泰民安！
干杯！

爷爷，您老真是一脸的福相，
一看您就是一个有福气的人，

看看这酒桌上的氛围都是沾了您的光，
今天我们就一起沾沾您的福气。
端起这杯酒，祝福您幸福吉祥，身体健康！

敬老尊贤，岁岁平安；
福禄双全，长命百岁。
感谢您一直以来的关爱和教诲，
祝您身体健康，万事如意，合家欢乐！

夕阳无限好，老人是个宝，给您端杯酒，祝您身体好。
祝您福如东海，寿比南山，四季常青，长命百岁，
福气多多，好运长伴左右。
祝您开心每一秒，快乐每一天，幸福每一年，健康到永远。
岁月飞逝，青春不老。愿快乐与您永相随。

祝您：福满门，寿无疆！
祝您：吉祥如意，心想事成！
祝您：身体健康，好运长伴！
祝您：儿女承欢，天伦乐怀！
祝您：幸福吉祥，身体健康！
祝您：人寿年丰，康乐宜年！
祝您：安康长寿，欢欣无比！
心里高兴比蜜甜，福寿康宁人人羡。
愿您老晚年幸福，健康长寿。

人寿年丰又一春，生活美满笑颜开。

酒桌小百科

请客吃饭点酒有学问

★ 单瓶白酒的价格最好控制在这顿饭预算的三分之一到二分之一。

★ 点红酒时要做到和菜品的搭配："红酒配红肉，白酒配白肉"，吃海鲜要配干白，吃肉类要配干红。

祝您：洪福齐天，幸福无边！
愿您的人生充满着幸福，充满着喜悦。
祝您：健康如意，福乐绵绵！
愿您老腰不酸，腿不疼，不中彩票都不行。
祝您：财源广进，如意满年！
愿快乐对您过目不忘，愿您的幸福地久天长！

盛世年华家家乐，勤劳人家喜事多，
松柏常青鹤寄语，蟠桃捧出献寿星。
苍龙日暮还行雨，老树春深更着花。
天增岁月人增寿，春满乾坤福满门。
敬祝您福、禄、寿三星高照，阖府康乐，如意吉祥！

第二章

幽默的祝酒词

01 调侃式祝酒佳句

亲爱的_____，干杯！
愿您的人生像这杯酒一样，越品越有味儿。
记得少喝点儿，不然明天早上起来可就变成"酒鬼"了哦！
哈哈，开个玩笑，祝您事业顺利、家庭幸福、身体健康！

您不喝，我不喝，中国好酒往哪儿搁。
您不醉，我不醉，马路牙那儿谁来睡。
人生就这几吨酒，谁先喝完谁先走。

人若不喝酒，白在世上走；
人若不喝醉，活着实在累。
美酒香飘万里，岂能空杯见底？
今日酒，今日醉，不要活得太疲惫；
好也过，歹也过，只求心情还不错。

脸儿红，心儿跳，酒精对您也无效。
您不喝酒，他不喝酒，这么好的酒谁带走？
您不喝醉，他不喝醉，高档的宾馆谁来睡？

有朝一日黄河里，一个浪头一口酒。
相聚都是知心友，我先喝杯舒心酒。
爱要怎么说出口，倒在杯里全是酒，
一杯一杯又一杯，多少我都不放手！

酒后出百态，次次我都在。
有人看海，有人被爱，而我喝酒喝到现在。
不要问我什么星座，酒瓶座，目前为止没有醉过。
每次喝完酒，我的头都不是头，是旋转的地球。

天天喝酒天天醉，天天三点回家睡。

青春献给小酒桌，一天到晚就是喝。
今朝有酒今朝醉，今天的生活不疲惫。
我有酒，您有嗑儿，一起唠嗑儿一起喝。
小啤酒，解难过，解心烦，解决生活小困难。
激动的心，颤抖的手，今天就想跟您喝杯酒。
人生难得几回醉，这次喝酒一定要到位。
生活太难，喝酒够呛，不如意的事情，十有八"酒"。

朋友见面大家好，喝酒肯定少不了。
感情交流，在于喝酒；交流感情，不喝不行。
朋友一起，皆大欢喜，喝酒要彻底。
不喝酒的没朋友，一喝酒就要出糗。
您一杯，我一杯，喝得脸上红霞飞；
您一口，我一口，看着星星都在抖。

一天不喝酒，难受一整宿；
两天不喝酒，白来世上走；
三天不喝酒，精神不抖擞；
四天不喝酒，那股劲儿没有。
今天喝美酒，一切跟着感觉走！

酒桌小百科

酒桌上碟子和碗怎么使用？

★ 吃饭喝汤时要用手端着碗。拿碗时，用左手的四个手指托住碗底，大拇指放在碗口的边缘。

★ 不要在碟子上放太多的菜。骨头、鱼刺等残渣要放在碟子的前端，满了以后要及时更换或清理。

02　比喻式祝酒佳句

一杯酒下肚，烦恼全抛走；
两杯酒入喉，忧愁都赶跑；
三杯酒下肚，幸福来敲门。
祝您在酒桌上快乐无边，生活如意满心间！
今朝有酒今朝醉，明日愁来明日忧。
与您共饮这杯酒，愿您的笑容常驻，烦恼远离；
愿您的幸福如海深，快乐无边。

喝酒不喝白开水，喝酒就喝老白干。
你我共饮一壶酒，情深意浓胜似金。
在这欢乐的时刻，祝您在未来的岁月里，
身体健康，万事如意，笑口常开，好运连连！

酒酒酒，好朋友，万事不过杯中酒。
人逢喜事精神爽，酒逢知己千杯少。
古有桃园三结义，今有一樽三碰杯。
葡萄美酒夜光杯，今朝有酒今朝醉。
时间正当午，事业壮如虎，喝起杯中酒，好事跟您走。

03　押韵式祝酒佳句

客人喝酒就得醉，要不主人多惭愧。
酒虽不好人情酿，远来的朋友帮帮忙。
喝酒不喝醉，不如打瞌睡。
美酒不醉人，越喝越精神。

太阳当空照，美酒我来倒；

花开别样红，美酒喝两盅。
贵宾一入座，美酒喝三个；
贵宾来得晚，一定要喝完。

喝酒要喝美，顺风又顺水；
喝酒不喝醉，荣华又富贵；
喝酒用大杯，身价翻百倍；
喝酒对瓶吹，事业更光辉。

酒不醉人人自醉，杯杯美酒到心扉，
喝得蓝天飘彩云，喝得大地撒光辉，
喝得鸳鸯来戏水，喝得蝴蝶双双飞。
请大家放下筷子，举起杯子，站起身子，
来它个不醉不归！干杯！

送您一盘鸭，吃了会想家；
还有一碟菜，天天有人爱；
配上一碗汤，一生永健康；
再来一杯酒，爱情会长久；
加上一碗饭，幸福永相伴！

一杯小酒不会醉，再来一杯暖暖胃；
两杯小酒不算啥，就当给您刷刷牙；
三杯好三杯妙，三杯福星来高照。
问您发财要不要，咱喝了这杯就见效。

酒桌小百科

碰杯时，为什么有人喜欢把酒杯放低一截？

★ 晚辈或下属的酒杯比长辈或领导的略低一点，以示尊敬和谦虚。
★ 年纪轻、资历浅的年轻人，碰杯时习惯放低酒杯。
★ 有些人不拘小节或生性谦逊，会不自觉地将酒杯放低。
★ 主人放低酒杯表示对客人的尊重，客人则是为了表达感激之情。

祝酒词

顺口溜

千里有缘来相会，能喝不喝也不对。
人生得意须尽欢，这杯福酒都要干。
人生百年一瞬间，喝杯福酒福百年。
劝君更尽一杯酒，走遍天下皆朋友。

小荷才露尖尖角，今天喝酒大敬小。
山高流水觅知音，我与大哥酒连心。
少小离家老大归，这杯小酒我来陪。
一杯小酒不会醉，再来一杯暖暖胃。

昨夜星辰昨夜风，今宵喝酒心相通。
共同举杯邀明月，不醉不归是英雄。
相见时难别亦难，喝了这杯再发言。
金杯添酒路好走，四方平安四方福。

人生难得几回醉，要喝一定喝到位，
回家躺床想一想，还能喝个七八两。
您的酒窝没有酒，我却醉得像条狗。
美酒倒进白瓷杯，酒到面前您莫推。

一杯酒祝您精力足，心情灿烂；
二杯酒祝您心态好，好运不断；
三杯酒祝您身体棒，幸福平安。
祝您常感日月星，心怀精气神，
一生都是潇洒人。

酒是粮食精，越喝越年轻。
酒是粮食造，越喝越年少。
酒是养颜草，喝了不显老。
酒是粮食做，不喝是罪过。
酒是香玫瑰，喝了不会醉。
酒是开心剂，越喝越神气。

酒壮㞞人胆，越喝越勇敢。
美酒不醉人，越喝越精神。
酒是高粱水，越喝您越美。
酒是长江水，越喝越貌美。
酒是黄河浪，越喝越健康。
酒是天上水，越喝人越美。
酒是美容霜，越喝脸越光。
酒是感冒药，喝了见疗效。
白酒一下肚，病菌不敢住。

月亮走，我也走，美酒绕着贵宾走。
开餐之前来一杯，就是简单漱漱嘴。
提神醒脑好心情，我是社会小精英。
三杯五杯不费力，我是暖场催化剂。
表白之前来一碗，我是瞬间有灵感。
忽如一夜春风来，一杯两杯乐开怀。
抽刀断水水更流，举杯对饮乐悠悠。
人生得意须尽欢，倒上一杯先喝完。
一杯情，二杯意，美酒喝完都如意。
花开两岸艳阳天，美酒佳肴放眼前。
酒满福满财气旺，给您端酒要端双。
杯中美酒放眼前，会喝不喝多遗憾。

昨夜星辰昨夜风，贵宾今夜杯不空。
春天遍是桃花水，美酒开胃喝不醉。
这杯美酒，您喝好，祝您招财又进宝；

酒桌小百科

倒茶倒酒在别人的右手边还是左手边？

倒茶倒酒时应该站在客人的右侧。因为大多数人会把酒杯或茶杯放在右侧，站在右侧倒才不会挡住客人的视线。而且通常以左侧为尊，把客人放在左侧，自己站在右侧可以表示对客人的尊重。

祝酒词
顺口溜

这杯美酒，似玫瑰，千杯万杯都不醉。

这杯美酒喝成功，祝您发财路路通。
这杯美酒喝得起，祝您万事都如意。
这杯美酒喝得利，祝您多赚几个亿。
这杯美酒您喝完，祝您幸福万万年；
这杯美酒您喝光，生意兴隆更辉煌。

喝口酒，喝口水，清清肠胃心情美。
喝口茶，暖暖胃，再喝酒，不会醉。
茶水配酒，越喝越有，祝您幸福到永久。
吃好，喝好，朋友好，轻轻松松没烦恼；
菜好，酒好，喝得好，富贵长寿不会老。

第三章

吃鱼、吃鸡时的祝酒词

01 鱼头酒的祝酒佳句

无酒不成席，无鱼不成宴。鱼儿一上桌，鱼头酒要喝。

鱼头对天，福在这边，祝您幸福安康，福气满满。

鱼头一昂，富贵吉祥，祝您事业顺利，一帆风顺。

鱼头一摆，红运发财，祝您生活美好，万事如意。

鱼眼放光，喝酒不忘，祝福全桌，财源如浪。

鱼翅一摆，喝酒配菜，开心共享，生活精彩。

鱼在盘中卧，美酒喝三个，祝您生活富裕，身体健康。

鱼头一抬，好运常来，红运当头您最帅。

鱼头一照，吉祥来到，幸福快乐跑不掉。

鱼头往左转，三杯四杯连成串；

鱼头往右转，五杯六杯连着干。

鱼头往下走，好运跟着走。

酒是鱼头酒，不喝没理由。

喝了鱼头这杯酒，明天想啥啥都有。

万事不用再发愁，天南海北都能走。

美好时刻心中留，幸福美满全都有。

喝了鱼头二两酒，天空宇宙任您游。

喝了鱼头三两酒，世间好事跟您走。

年年有余送吉祥，三杯好酒送安康。

酒是陈的好，鱼是鲜的好，

愿大家吃得开心，喝得顺心。

"步步高升"酒：

步步高升第一杯：酒倒三分满（又称龙洒点滴），财运当头，我祝您财达三江、运通四海，先生您请。

步步高升第二杯：酒倒一半，福气不断，我祝您名利双收、事业有成，先生您请。

步步高升第三杯：俗称酒满敬人，酒满为敬，您看呀！酒杯是圆的，酒是满的，我祝您今后的事业圆圆满满，先生您请。

"龙抬头"酒：

龙抬头两杯酒，不敬外人敬朋友，我敬您一个"平分秋色"。

白酒是酒圣，越喝越年轻。酒壮英雄胆，有胆才舞龙抬头。

红酒三分满，留有七分情：这杯酒又称先苦后甜酒，我祝愿您家庭和

酒桌小百科

什么是鱼头酒？

在中国部分地区的酒宴上，鱼头酒是一种风俗习惯。特别是在河南地区，鱼头酒是招待贵宾的最高礼节，还形成了独特的鱼头酒规矩。

之所以叫鱼头酒，是因为"无酒不成席，无鱼不成宴"，鱼在酒席上是一道大菜。而在宴席上，主宾、贵客或是年长者所坐的位置一般在朝向门的地方。当鱼盘上桌的时候，鱼头一定要对准这些人的方向，以示尊贵。鱼头所指向的人，要先喝鱼头酒。喝过鱼头酒的人才有资格第一个吃鱼，其他人必须先等他动筷子之后，才能吃鱼。

鱼头酒一般有着"头三尾四"的规矩，即鱼头对着的客人要喝三杯酒，而鱼尾对着的人则要陪喝四杯酒。不过，鱼尾一般都是分叉的，有时就会冲着两个人，那么这时就会有两个人一起喝鱼尾酒。

有时候，为了活跃气氛，让宴席更热闹，除了鱼头和鱼尾酒之外，鱼身上其他部位所对应的人也要喝酒，比如"腹五背六"，也就是对着鱼腹的人要喝五杯酒，对着鱼背的人要喝六杯酒。此外，鱼眼、鱼脸、鱼唇、鱼翅、鱼鳍等部位如果夹到谁的碗里，谁就要喝酒。

在河南，鱼头酒最多能喝108杯。但是，如果只是为了活跃气氛，鱼头酒只需要象征性地喝两杯就可以了。如果是商务宴请，需要商谈重要事情，一般只需要把"头三"和"尾四"的酒喝完就行。如果感到不胜酒力的话，东道主或鱼头对应的客人可以直接夹一片菜叶把鱼的眼睛盖上，表示后面的酒一"盖"不喝，就此点到为止即可。

睦、事业通达，日子过得犹如这杯红酒，红红火火、甜甜蜜蜜。

"三星"酒：

第一杯是福星酒：祝您福星高照、福气多多。

第二杯是禄星酒：祝您步步高升、官运亨通。

第三杯是寿星酒：咱们不求长生不老，但愿人长久，千里共平安。

"三运"酒：

头运酒叫官运酒：我祝您官运亨通、步步高升。

二运酒叫财运酒：我祝您财源广进、生意兴隆。

三运酒叫红运酒：我祝您红运年年、红运当头。

"三福"酒：

头杯"人福酒"：祝您福气多多，多交好运。

二杯"家福酒"：福如春风入门来，一堂和气才叫福，我祝您家和万事幸福来。

三杯"幸福酒"：人有福，家有福，都是因为您的福，我祝愿您身体发"福"，精神发"福"，事业发"福"，爱情也发"福"。

"四季发财"鱼头酒：

第一杯：一年之计在于春，我祝您春季发财，吃得好，穿得好，精神面貌家庭好。

第二杯：夏日酷暑，热火朝天，我祝您的事业热热烈烈、红红火火。

第三杯：秋天是个丰收的季节，我祝您的金钱丰收，您的事业丰收，您的家庭丰收。

第四杯：人说冬雪如银，春雨如金，祝您多捡银子，多花钞票，祝您四季发大财。

02 鱼尾酒的祝酒佳句

一尾鱼，一份情，愿您的人生如这美食般丰富多彩。

感谢有您相伴，共度每一个美好瞬间。

祝您事业顺利，家庭幸福，身体健康！

鱼尾摆在桌上，代表你我之间情投意合；

酒杯端在手里，代表你我之间心有灵犀。

希望下一次您再把鱼尾摆在酒席上时，

我依然能够如此举杯！

鱼头往右转，财富千千万；

鱼头往右游，幸福跟您走；

鱼头往下走，好运跟着走；

吃鱼吃头，万事不愁；

吃鱼吃尾，顺风顺水；

吃鱼吃背，事半功倍；

鱼头加鱼尾，十全十美。

冬去春来百花香，我的祝福来四方；

东方送您发财树，西方送您钱满仓；

酒桌小百科

酒的种类有哪些？

★酿造酒：历史最为悠久，也称作发酵酒，是通过水果或粮食等发酵而成的，酒精含量一般都不高，包括葡萄酒、啤酒、黄酒。

★蒸馏酒：也叫烈酒，是将发酵的原液经过蒸馏提纯而得到的酒，酒精含量较高，包括中国白酒、白兰地、威士忌、伏特加、龙舌兰、朗姆酒等。

★配制酒：也叫调制酒，酒类之间或酒和非酒精物质进行勾兑调制而成，历史最短，种类繁多，包括鸡尾酒、利口酒、药酒等。

祝酒词 顺口溜 🍷

北方送您富贵鸟，南方送您永安康。
送人玫瑰，手有余香。
今天我借花献佛，给您倒杯鱼尾酒，
祝您四季平安，四季发财，四平八稳，四喜临门！

大海航行靠舵手，平安要喝鱼尾酒。
鱼头一昂，意气风发；鱼尾一摆，祝福连连。
鱼头鱼尾，顺风顺水；头尾相连，好事连连。
头尾碰杯，好事成堆；鱼尾甩甩，好事来来。
鱼尾一抖，全桌都有，祝您生意兴隆，大家皆有。
鱼尾一翘，全桌都笑，祝您笑口常开，欢乐开怀。
鱼头鱼尾，年年有余，祝您生活富裕，幸福美满。

头三尾四，敬个鱼尾酒，俗话说"鱼头鱼尾，顺风顺水"，
祝您事业红红火火，财源滚滚而来。
鱼尾摆，鸟儿鸣，一杯饮酒乐其中。
鱼尾摆，鸭尾翘，富贵人家多美妙。
鱼尾摆出酒正好，祝君大富特富。

有头必有尾，有始必有终。
我借花献佛敬您四杯鱼尾酒：
第一杯祝您四红四喜，
第二杯祝您四季发财，
第三杯祝您四季平安，
第四杯祝您四喜临门。
鱼头一昂，荣华富贵；
鱼尾一摆，财源滚滚；
鱼嘴一张，好事不断。
祝愿您年年有余，岁岁平安！

03　分鱼时的祝酒佳句

吃鱼头，万事不愁；吃鱼眼，高看一眼；吃鱼嘴，唇齿相依；
吃鱼尾，委以重任；吃鱼鳍，展翅高飞；吃鱼骨，中流砥柱；
吃鱼背，事半功倍；吃鱼腚，定有后福；吃鱼肚，推心置腹；
吃鱼肉，健康又长寿！

04　吃鸡时的祝酒佳句

吃鸡头，一鸣惊人；
吃鸡脖，承上启下；
吃鸡背，不负众望；
吃鸡爪，步步高升；
吃鸡翅，展翅高飞。

吃鸡头，红运当头，
祝您吉时吉日吉如风，
丰年丰月如丰增，
增福增禄增长寿，
荣华富贵年年有。

大吉大利，今儿个吃鸡：

酒桌小百科

为什么说"酒要满，茶要浅"？

"酒要满，茶要浅"指的是给客人斟酒要满杯，以示待客的热情和真诚；给客人倒茶不能太满，表示对客人的尊敬。倒酒的量一般在杯子的三分之二即可，倒茶以七分满为宜。

吃鸡冠当大官，吃鸡头当领头，
吃鸡胸财运通，吃鸡膀轻松登上财富榜，
吃鸡腿一生顺风又顺水。

吃鸡头，万事不愁；
吃鸡肉，健康又长寿；
吃鸡爪，抓钱又大把。
祝大家年年都有好运。

没事在家多吃鸡：
吃个鸡头，挥斥方遒；
吃个鸡翅，胸有大志；
吃个鸡腿，顺风顺水。
恭祝大家大吉大利。

吃鸡非常有讲究：
吃鸡头，好运当头；
吃鸡脖，能屈能伸能干活儿；
吃鸡胸，财运通；
吃鸡腿，顺风顺水；
吃鸡爪，步步高升；
吃鸡翅，展翅高飞。

　　"鸡"与"吉"是谐音的，这也使人们更加将吉祥如意的情感寄托在鸡身上。鸡的各部分被赋予了不同的含义。在酒桌上，吃鸡的不同部位通常有着特定的寓意：

　　鸡头：通常由主人或家里的顶梁柱吃，以示尊贵。吃鸡头的客人或主人将其他部位请众宾客食用，以示祝福。吃鸡头的客人要将脑髓完整取出向众人展示再食，以示尊重和感谢。

　　鸡翅：给儿女吃，寓意飞黄腾达，将来可以驰骋天下，寄托着望子成龙的美好愿望。有希望的后生吃鸡翅膀，寓意能展翅高飞。

　　鸡爪：给干活儿赚钱的人吃，寓意更勤快，多往家挣钱。主要劳动力吃鸡爪，寓意"新年抓财"。

鸡腿：由主人、客人各食一只，意为主宾平等，友好往来。

鸡肝、鸡胗、鸡肠、鸡心：分别寓意升官、赚钱多多、常开心、安居乐业。

鸡汤：一般给小孩和要升官的人喝，象征"清泰平安"。

春节吃全鸡，吉庆有余。

开年喝鸡汤，飞黄腾达。

酒不醉人，越喝越精神；

鸡不油腻，越吃越安逸。

鸡翅一对，送您宏图展翅！

不能只吃一只，要凑齐一对。

吃鸡爪，赚钱多多，财源滚滚来！

鸡腿一对，步步高升！

鸡肝鸡肝，肯定升官！

鸡胗鸡胗，包您钱满箱！

鸡肠鸡心，愿您常开心！

鸡身鸡身，祝您乐业安生！

鸡胸入口，胸有成竹！

鸡头鸡尾，十全十美！

头尾相连，好事连连！

吃鸡头：一马当先，独占鳌头，力拔头筹；

吃鸡脖：承上启下，承前启后，能伸能屈；

酒桌小百科

常见的世界8大酒种

★ 白兰地：一般指的是葡萄白兰地。

★ 金酒：又称"琴酒"或"杜松子酒"，原产于荷兰。

★ 龙舌兰酒：又称"特基拉酒"，墨西哥的特产，以龙舌兰为原料。

★ 啤酒：主要原料是小麦芽、大麦芽和啤酒花。

★ 伏特加：以谷物或马铃薯为原料。

★ 威士忌：以谷物为原料。

★ 中国白酒：以粮谷为主要原料，以大曲、小曲或麸曲及酒母等为糖化发酵剂。

★ 日本清酒：以大米与天然矿泉水为原料。

吃鸡胸：胸有成竹，胸怀万里，豪情万千；
吃鸡翅：大鹏展翅，展翅高飞，鹏程万里；
吃鸡腿：脚踏实地，左膀右臂，好运成堆；
吃鸡爪：一手抓钱，一手抓权，财权到家；
吃鸡架：中流砥柱，栋梁之材，纵横天下。

第四章

行酒令祝酒词

01 顺口溜

感情深，一口闷；感情浅，舔一舔；
感情厚，喝不够；感情薄，喝不着。
东边日出西边雨，这边喝完那边喝。
酒逢知己千杯少，白酒红酒自个找。
春风不度玉门关，喝酒先过我这关。
一条大河波浪宽，这杯必须一口干。
日照香炉生紫烟，不喝您就靠边站。
路见不平一声吼，您不喝酒谁喝酒。
千里江陵一日还，三杯五杯不犯难。
朝辞白帝彩云间，半斤八两只等闲。

百川到东海，何时再干杯？现在不喝酒，将来徒伤悲。
人在江湖走，哪能不喝酒？人在江湖飘，哪能不喝高？
床前明月光，疑是地上霜，举杯约对门，喝酒喝个双。
春眠不觉晓，处处闻啼鸟，举杯问美女，我该喝多少？
锄禾日当午，汗滴禾下土，连干三杯酒，您说苦不苦？

来得晚不是错，喝杯酒来补过。
喝了是英雄，不喝是狗熊，
狗熊很难听，英雄多光荣。
酒量是胆量，酒瓶是水平；
酒风是作风，酒德是品德。

今朝有酒今朝醉，不服咱们会一会。
自古英雄不流泪，江湖规矩喝到位。
酒不醉人人自醉，站稳扶好别后退。
乘风破浪会有时，喝完再唠也不迟。
飞流直下三千尺，偷奸耍滑最无耻。

总为浮云能蔽日，对酒当歌无难事。
日暮乡关何处是，有酒有肉好气质。

人之初，性本善，对瓶吹了是好汉；
歌不停，酒不断，端起酒杯绕桌转；
剪不断，理不乱，酒品不行靠边站；
血可流，头可断，不喝到位不解散。
谁不喝酒谁有错，躲酒没有好朋友；
谁不喝酒谁变丑，一秒失去现男（女）友；
谁不喝酒谁就走，端起酒杯一起吼。

雪花不飘我不飘，青岛不倒我不倒，
纯生不纯我不纯，乌苏不醉我不醉。
雪花陪我长大，天涯在我脚下，
精酿更是不在话下！
酒杯一端，海纳百川，
39 度如喝甘露，53 度三斤不吐。
青岛、百威加精酿，全场数我最闪亮！

送您一瓶小雪花，祝愿您年年有钱花；
再送您一瓶小青岛，祝您青春永不老！
喝一杯啤酒小原浆，祝您永远都健康；
再加一瓶小蓝带，愿您永远有人爱；
最后一瓶小燕京，愿您永远都年轻！

酒桌小百科

葡萄酒的代表种类有哪些？

★干、半干型（主流）：拉菲（法国葡萄酒知名品牌）、奔富（澳洲葡萄酒知名品牌）、张裕（中国葡萄酒知名品牌）。

★甜、半甜型（可分为贵腐酒、冰酒、晚收等）：滴金（法国奢侈品集团LVMH 旗下知名酒庄，历史悠久）、玛丽雪莱（甜酒皇后，匈牙利贵腐酒代表）、云岭冰酒（加拿大冰酒知名品牌）。

祝酒词

顺口溜

红酒美，啤酒香，白酒给您送健康；
啤酒香，红酒美，白酒给您送薪水。
福酒到，福运到，烦恼事情往边靠。
天若有情天亦老，帮您倒杯好不好？
喝了这杯酒，幸福到永久。

虽然我的酒没有倒满，没满没满，幸福美满。
今天晚上喝一杯顺心酒，
天顺万物生，地顺五谷丰，人顺百业兴。
那我就祝大家，家顺人顺万事顺，
福来财来平安来。

只要感情好，不管喝多少；
只要感情深，假的也当真；
只要感情有，喝啥都是酒。
那就让我们白天有说有笑，晚上回去睡个好觉。

酒杯一拿，事业发达；
酒杯一抬，升官发财；
酒杯一举，鹏程万里；
酒杯一碰，黄金乱蹦；
酒杯一响，黄金万两。
祝愿大家多挣钱，少生气，
心想事成，万事如意！

今天外面下着雨，
正所谓"下雨如下财，风雨贵人来"！
有一种祝福，叫风雨无阻，
风声雨声，祝福声，声声入耳。
那我就祝大家遇水则发，顺风顺水，一顺百顺！

美女眼睛亮晶晶，越看越像大明星，

祝酒词 顺口溜

第四章 行酒令祝酒词

我给美女倒杯酒啊！

您看武松喝了酒，景阳冈上随便走；

东坡喝了酒，写了明月几时有；

花木兰喝了酒，替父从军走；

杨贵妃喝了酒，千古而不朽。

同事喝了酒，前途再回首；

朋友喝了酒啊，相互扶着一起走。

所以借此机会，祝您亲情、爱情、友情，情情得意；

大财、小财、意外财，财源滚滚来。

02 经典行酒令

一杯：一心一意，大富大贵，一生平安，一帆风顺。

二杯：一干二净，好事成双，两全其美，爱情事业双丰收。

三杯：三星高照，三阳开泰，芝麻开花节节高，步步高升。

四杯：四平八稳，四季平安，四季都发财。

五杯：五谷丰登，五福临门，大展宏图。

六杯：六六大顺。

七杯：齐心协力，旗开得胜。

八杯：八面玲珑，八仙过海。

九杯：天长地久，九九归一。

十杯：十全十美，实心实意。

一心一意，一生平安，愿得一人心，白首不相离。

酒桌小百科

黄酒的代表种类有哪些？

★ 糯米黄酒：古越龙山（绍兴黄酒的代表，中国黄酒第一家上市公司）。

★ 黍米黄酒：以产地而非品牌闻名，如代县黄酒。

★ 大米黄酒：沙洲优黄（苏州传统品牌，中华老字号）。

★ 红曲黄酒：丹溪红曲（浙江省非物质文化遗产，源自元代名医朱丹溪）。

· 037 ·

两情相悦，两全其美，好事成双，爱情事业双丰收。
三星高照，三阳开泰，芝麻开花节节高，步步高升。
四平八稳，四季平安，人丁兴旺，金玉满堂。
五谷丰登，五福临门，大展宏图，得偿所愿。
六畜兴旺，六六大顺，大吉大利，蒸蒸日上。
七夕佳节，才子佳人，郎才女貌，早日成婚。
八仙过海，各显神通，运斤成风，一举夺魁。
九九归一，天长地久，地久天长，永远相爱。
十全十美，尽善尽美，子孙满堂，福寿双全。

一帆风顺，二龙腾飞，三阳开泰，四季发财，五福临门，
六六大顺，七星高照，八方来财，九九同心，十全十美。
百事亨通，千事吉祥，万事如意，亿万富翁。
一心一意，两全其美，三星高照，四季如春，五福临门，
六六大顺，旗开得胜，八仙过海，天长地久，十全十美。
全心全意，一干二净，三阳开泰，四季发财，五谷丰登，
一顺百顺，齐心协力，八面玲珑，九九归一，实心实意。

市场经济搞竞争，快将美酒喝一盅。
日出江花红胜火，祝君生意更红火。
商品经济大流通，开放搞活喝两盅。
酒逢知己千杯少，话不多说大口喝。

第五章

不失礼貌的拒酒词

01 幽默的拒酒词

酒倒七分满，留有三分情。
但求喝个好，不求喝多少。
只要感情深，不喝情也真；
只要感情有，喝啥都是酒；
只要心里有，茶水也当酒。
我们以茶代酒，祝您越来越富有！

相识是缘，相遇是福，
朋友是山，朋友是水，
朋友相伴，一生幸福，
酒水无情人有情，
何必酒中见输赢！

酒半杯，情满怀，留点空间给未来。
天苍苍，野茫茫，越过我来也无妨。
天道好轮回，能不能饶过这一回？
日子要一天一天过，酒要一口一口喝。
感情浅，哪怕喝大碗；感情深，哪怕舔一舔。
酒欠一点，福气不减；酒倒一半，福气不断。
为了不伤感情，我喝；为了不伤身体，我喝一点。

酒逢知己千杯少，能喝多少喝多少，喝不了咱就赶紧跑。
出门在外老婆交代，少喝酒、多吃菜，够不着了站起来。
输了咱不喝，赢了咱倒赖，吃不完了兜回来。
酒不能喝就耍赖，赖不了找人代，
代不了就跑门外，转三圈再回来。
千万不能把胃喝坏，身体时刻都要保持好状态，
不然自己的血脉，随时都会被人替代。

危难之处显身手，该收出手时就出手，兄弟替我喝个酒。
敬酒不用酒，举杯表心意，开心最重要。我先来，大家随意！

我为大家唱支歌，唱完不好再说喝。
不管工作苦与累，万事都要去面对，
今天我以茶代酒，不要身体太遭罪。
只要感情到了位，不喝你我也陶醉。
相聚都是知心友，喝啥都是好朋友。
酒量不高怕丢丑，自我约束不喝酒。
万水千山总是情，少喝一杯行不行？
酒逢知己千杯少，少喝一杯也挺好。
福酒不喝也能行，这杯不喝也有情。
花开两岸艳阳天，美酒佳肴在眼前，
葡萄美酒夜光杯，喝完这杯把家归。

喝口茶，暖暖胃，再喝酒，不会醉。
多吃菜，少喝酒，幸福才能跟着走。
人生得意须尽欢，以茶代酒天天好运；
人生百年一瞬间，以茶代酒幸福百年。
东南西北中，朋友在心中，
只要感情有，茶水也是酒。

酒桌小百科

米酒的功效

米酒是中国的传统特产酒，具有补气养血、活血祛寒等功效。

★补气养血：米经过酿制，营养成分更易于人体吸收。

★活血祛寒：米酒具有活血通经、散寒消积的功效。

02　女士的拒酒词

房间不大，风景如画；
朋友不多，全在这桌。
我虽倾国倾城，但我不能清杯清瓶。
春眠不觉晓，处处闻啼鸟，这杯美酒喝不了。

不好意思，您知道的，女人总有那么几天不舒服，
所以今天真喝不了酒，您大人有大量，就放过小女子吧！
我就以茶代酒敬您一杯，只要感情有，茶水也当酒。
您在我心里像茶一样风雅，让我甘拜下风。我先干为敬，您随意就好！

03　以身体原因为由的拒酒词

您敬我的酒，让我受宠若惊，但是我因身体原因确实不能喝。
我真心诚意敬您一杯茶，虽然茶没有度数，但是我对您的心意可是高度数的。
说起喝酒，再多的我加起来，也比不过您的酒量，
其实我特别想像您这样豪饮一杯，但是我这个人天生对酒精过敏，
所以我以茶代酒敬您一杯，祝您万事如意！

我不是不给您面子，而是我进不起医院啊！
我因身体原因真是不能喝酒，这不是练的事。
这样吧，今天为了咱们的感情，我以茶代酒，
祝您幸福到永久！

04 男士敬酒时的拒酒词

花好月圆人团圆，家圆心圆梦也圆，
以茶代酒祝您幸福到永久！
您笑脸圆又圆，合家团圆乐无边。
明月本无价，朋友皆有情，
酒是情，茶是意，
心中茶，情中意，
以茶代酒，祝您事事如意心情好，
天天开心不会老，
合家团圆人欢笑，
生活顺心乐逍遥。

只要感情真，茶水也情深；
哥们儿感情好，喝水也能饱；
感情不到位，喝酒也白费。
不能喝酒喝开水，终生为友也无悔。

我可是拿您当君子，
君子之交淡如水，
以茶代酒也很美。

酒桌小百科

白酒的代表种类有哪些？

★ 酱香型：贵州茅台酒（中国最具影响力的白酒品牌之一）。
★ 浓香型：五粮液（世界上率先采用五种粮食进行酿造的烈性酒）。
★ 清香型：汾酒（中国传统名酒，是清香型白酒的典型代表）。
★ 其他香型：西凤酒（凤香型白酒的创立者，历史悠久的名酒）、衡水老白干（地方名酒，老白干香型独具一格）。

祝酒词

顺口溜

只要感情有，喝啥都是酒，
我以茶代酒敬您一杯。

以茶代酒，青春永久，
喝杯茶水，您也会越来越美。
人逢喜事精神爽，
酒不醉人人自醉，
以茶代酒，免得献丑。
只要感情好，不在乎喝多少，
不喝咱们情谊也到老！

谢谢您的发财酒，幸福的酒喝不醉，
今天我以茶代酒，愿您想啥啥都有。
少喝一杯酒，天下皆朋友，
您手下留情，我手下留酒，
你我幸福生活才能天天有！

只要你我感情深，端起杯子就开心，
只要心里有，喝啥都是酒，
以酒表心意，咱俩的感情用缸都不能来表示的。
您喝酒，我喝茶，
茶水配酒，越喝越有，
我以茶代酒，
祝您幸福美满到永久，
世界大道任您走。

山不在高，有仙则灵；
水不在深，有龙则灵；
朋友不在多，知心就行；
酒不在多少，有心就行。
今天菜也香，味也棒，
饭吃饱，酒喝少，
我们要多吃菜，少喝酒，
幸福生活到永久！

05 美女敬酒时的拒酒词

走过南闯过北，认识美女不后悔，
万水千山总是情，美女替我行不行？
乘风破浪会有时，下次再喝也不迟，
飞流直下三千尺，以后相聚无难事。

美女人美又有才，出口成章她就来，
嘴巴甜，皮肤亮，男人看到都发慌，
要想不出丑，还得以茶代酒。
人间自有真情在，何必酒中见高低，
杯中酒，盘中菜，以茶代酒，
祝您天天有人爱！

06 领导让喝酒时的拒酒词

领导，我不会喝酒／不能喝酒，
但我擅长倒酒服务。
大家吃好喝好，
我可以开车送您回家。
这么好的酒，应该留给像您这样懂的人喝，
我既不会喝酒，也不能喝酒，

酒桌小百科

威士忌的代表种类有哪些？

★麦芽威士忌：麦卡伦（有"麦芽威士忌中的劳斯莱斯"的美称）、山崎（日本威士忌的代表品牌）。

★谷物威士忌：罗曼湖（创立于1814年，是著名苏格兰威士忌品牌）。

祝酒词顺口溜

这不白白糟蹋了？
今天我就给大家服务好。

领导，真不好意思，我确实不能喝酒，
对酒精过敏，还请您见谅。
虽然我喝酒不行，但是我的态度很端正，
您看我把茶水全干了，感谢您一直对我的关照。

领导，和您一起吃饭，我真的非常开心。
我对酒精过敏，从不喝酒，但是您敬我，我很感动。
今天我就为您破个例，只抿一小口，
代表我所有的情谊，也请您随意，我先干为敬。

第六章

给领导的敬酒词

01 敬领导的祝酒佳句

火车跑得快，全靠车头带；
大家吃好喝好，全靠您来领导。
领导们的决策高瞻远瞩，为我们提供了前进的明灯。
您的智慧如酒般醇厚，您的决策如酒般明智。
在此，我代表大家向您敬一杯酒，表达我们深深的敬意。

尊敬的领导，在这欢聚一堂的时刻，
向您致以最深的敬意和最诚挚的祝愿。
祝您酒量如海深，事业步步高升；
酒味似人生，生活甜甜蜜蜜！
愿您常饮此酒，健康长寿，快乐无边。
愿您的事业蒸蒸日上，生活幸福美满。
让我们共同举杯，为美好的未来干杯！

领导，与您共饮此杯，感恩有您的引领与支持。
感谢领导的信任与支持，承蒙关照，深感荣幸。
值此佳节之际，祝愿领导事业兴旺发达，步步高升，
更祝愿您家庭幸福美满，合家欢乐。干杯！

亲爱的领导，您的无私奉献和精心指导让我们取得了许多成就，
您的领导力、决策能力和协调能力让我们感到无比钦佩，
您的能力、才情和经验给我们带来了无限的启迪和收获，
我代表大家向您敬一杯酒，感谢您一直以来的付出和努力，
希望我们继续在您的带领下取得更好的成绩。

五杯六杯算个啥，就当领导刷刷牙！
激动的心，颤抖的手，我给领导倒杯酒。
领导不喝我不走，领导喝了我还有！

各位领导晚上好，今天特意来给大家敬杯酒，

佳肴美酒玻璃杯，祝您事业更光辉！

祝您：天天好心情，日日好运到，

白天迎财神，夜晚数钞票。

喝完我们的酒，想啥就来啥：

工作忙中有闲，打牌次次赢。

祝各位领导用餐愉快。

问好归问好，三杯美酒少不了，

喝了这杯酒，幸福永安康，

希望您该吃吃，该喝喝，

啥事别往心里搁，

希望您人旺、家旺、事业旺！

老家有句话说得好：

烧香不能漏神，敬酒不能漏人，

所以您在中间坐，美酒也得喝一个。

喝酒不是目的，高兴才是心意。

鱼眼放光，两边沾光。

两边的领导，我也给您添点酒，

左右逢源，才能两全其美。

酒桌小百科

白酒有哪些香型？

★ 浓香型白酒：也叫泸香型、五粮液香型和窖香型，以浓香甘爽为特点，以泸州特曲酒为代表。

★ 清香型白酒：也叫汾香型、醇香型，以清香纯正为特点，以汾酒为代表。

★ 酱香型白酒：也叫茅香型，以酱香柔润为特点，以茅台酒为代表。

★ 米香型白酒：也叫小曲米香型，以米香纯正为特点，以桂林三花酒为代表。

★ 其他香型白酒：也叫兼香型、复香型和混合香型，以西凤酒、董酒为代表。

祝酒词
顺口溜

恭喜领导荣升一把手，
人逢喜事精神爽，领导高升我羡慕。
感谢您平时的关照和指导，希望在今后的日子里，
我们能继续携手前行，共同成长。
新的起点，新的征程，
愿您所走的路繁花盛开，人生鼎沸，
愿您的事业更加辉煌，生活更加美好。

领导好，我是_____部门的_____，
今天很荣幸能和领导一起吃饭。
我敬领导一杯，
希望领导工作顺利，身体健康，生意兴隆！
以后还请领导多多指教，这杯我先干了。

领导您是：
事业正当时，身体壮如虎，
春风更得意，好事非您莫属。
俗称酒满敬人、酒满为敬，您看呀！
酒杯是圆的，酒是满的，
我祝愿您今后的事业圆圆满满，您请！
感恩的心都在酒里了，这杯我敬您。

这么多年了，感谢领导对我的悉心栽培，
没有伯乐，我永远都不会是千里马。
您昨日的呵护成就了今天的我，感谢您！
领导，这杯我替您喝，
您可是我们的顶梁柱啊，
您要保重身体。

千里之行，积于跬步；
万里之船，成于罗盘。
感谢领导们平日的指点，
才有我今天的成就。

祝各位领导和长辈，
事业亨通，身体健康，
家庭幸福，万事如意！

每一次的信任都是一份感动，
感谢各位领导的厚爱，
一次又一次地给我机会。
今天我特意来向各位领导敬个祝福酒，
祝各位的生活越过越幸福！

领导上班很辛苦，喝杯美酒补一补；
领导上班很疲惫，喝杯美酒不会醉。
美酒斟进小酒杯，送到面前您莫推。
今天很荣幸认识您，这一杯我敬您，
还望以后多多关照。
听您一席话，胜读十年书，
我再敬您一杯，感谢您让我受益匪浅。

02 敬直属领导的祝酒佳句

领导，您一直是我们学习的榜样和引路人。
感谢您给予我们的信任和支持，
让我们有机会在工作中展现自己的才华和能力。
我想向您敬一杯酒，感谢您给予我们成长的机会和关爱，
希望能与您一同携手，创造更美好的明天。

酒桌小百科

白酒的度数有哪几种？

★ 高度白酒：酒精度在 50° 以上。

★ 中度白酒：也叫降度白酒，酒精度在 40°－50° 之间。

★ 低度白酒：酒精度在 40° 以下。

领导，您总结得非常好，
我真的感触很大，特别受用。
在您的带领下，咱们公司一定会越来越好！
我们一起敬领导一杯！

之前在＿＿＿＿＿＿项目上，
还是您判断得当，让我们进展很顺利。
说起来，跟您工作的这段时间里，
我学习到了很多，真的很感谢您！
以后在工作上，我们会继续听您的指挥，
再次感谢领导给了我们成长的机会！

领导领导喝杯酒，金钱财富都拥有。
天上有水地下流，领导喝酒要带头。
在新的一年里，我祝福您：
事业正当年，身体壮如虎，
金钱不胜数，浪漫似乐谱。
最后，祝您合家团圆，万事如意！

首先敬您一杯酒，感谢您平日对我的关照。
您的管理风格和您的人格魅力，
都值得我追随学习。
领导全凭真实力，众人心服显人气，
鞠躬尽瘁为公司，提携下属不徇私，
今日高迁升职位，步步为赢显智慧。
这杯小酒先祝您事事都顺利，
祝公司业绩蒸蒸日上，
祝您红运当头，前程似锦！

今天大家聚在一块，
酒逢知己千杯少，嘻嘻哈哈醉不了，
茶又香，酒又香，喝酒也得喝个双，

好事一成双，出门才风光，
出门一风光，好运都往您兜里装。来，您请！

新的一天又来到，我向领导来报到，
幸福发财要不要？喝杯美酒就见效。
领导往这儿坐，精神很不错，
满面泛红光，美酒得喝光。
百家姓中您姓____，喝酒肯定不慌张，
您看您，大眼睛，双眼皮，一看就是爽快人。

衣服穿得这么花，喝酒肯定顶呱呱。
衣服花，心不花，在家嫂子是不是天天把您夸？
您看您，身穿牛仔裤，半斤八两肯定能下肚。
这酒杯端起不落地，美酒喝了表心意。
您看您，这头发往后背，喝酒肯定不是吹。
我浅倒，您深喝，愿您幸福得没法说。

我先给您端一杯清杯酒，
这杯酒也叫自扫门前雪。
来，领导您请！
这一杯小酒不算啥，再来一杯刷刷牙，
祝领导您事业一帆风顺，生活锦上添花！
来，领导您请！

酒桌小百科

白酒的用途有哪些？

★ 适量饮用白酒，能够让神经兴奋而舒适，消除疲劳。

★ 适量饮用白酒，能够加速血液循环，使身体发热，达到驱寒和舒筋活血的作用。

★ 高度白酒可以作为消毒剂使用。

★ 白酒可以用来调配各种药酒。

★ 白酒可以用于烹饪。

领导往这儿坐，精神很不错，
这满面挂红光，美酒也得喝个光。

有机会一定要多向您请教，
您讲的每一句话，
都叫我终身受用无穷。
在我的印象当中，
您是一个富有活力且极富魅力的人。

领导，有了您的带领和引导，我们才有了今天的幸福生活。
在此给您倒杯酒，向您道一声"谢谢，您辛苦了"。
多谢领导这次给我这个机会，我必须好好把握。
请领导放心，我会好好工作，绝对不辜负您对我的期望。

领导，我敬您一杯，平时工作中没少给您添麻烦，
都是因为有您的指导和提点，才让我有了今天的进步，
感谢您一直以来的关心和教导，
让我学到很多东西，能跟着您做事，实在是我的荣幸。
感恩的话都在酒里，我干了，您随意！

亲爱的领导，感谢您一直以来对我的信任和栽培。
您教会了我很多业务技能，
还有职场上的人情世故，
我特别感激您。
接下来，我一定更加认真、努力地工作，
不辜负您的期望。这杯酒我敬您！

我也许不是您最出色的员工，
您却是我最崇敬的领导！
请您放心，
日后我定会加倍努力工作，
不辜负您一直的栽培。
感谢领导这几年来对我的关怀，

我先干为敬！

第一杯：

今天给您端个发财酒，祝您财运亨通四海。

第二杯：

给您倒个长寿酒，酒是福，酒是寿，

喝了健康又长寿。

这一杯干了，二杯净了，三杯再喝就更高兴了。

我知道领导一高兴，酒量就不固定。

这心情加感情，这第三杯酒不喝可不行。

第三杯：

给您倒个平安酒，家有千万百万，

平安二字无法计算，祝您年年岁岁都平安。

领导，听说您又高升的消息，

首先表示祝贺，为您高兴的同时，

又真的很舍不得。

一直以来，您都让我学到了很多，

您是我最尊敬的领导，

同时也是我工作生涯的好老师，

希望以后常常联系。

日后有工作上的问题，

还希望您能多多指导。

在此不胜感激您以往对我的支持，

祝您一生如意，工作顺利！

酒桌小百科

如何鉴别优质的纯粮酒？

★纯粮酒是用各种粮食酿造的，酒体中的有害物质会被充分分解，所以喝的时候不会上头。

★选纯粮酒要注意等级。纯粮酒分为优级、一级、二级。其中优级最佳，它的选料和工艺最好。

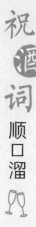

03　敬女领导的祝酒佳句

领导真是太棒了！
您的领导才能不仅让我们工作得非常出色，
还让我们感到非常愉快。
在此，我想向您敬一杯酒，
感谢您一直以来的支持和帮助。
希望我们能够继续合作，共同取得更大的成功。

愿您的容貌像珊瑚一样美丽，
您的气质像菊花一样高傲，
祝您青春永驻，魅力无边！

感谢领导的悉心指导与关怀，
今日有幸同您举杯共庆，倍感荣幸。
尊敬的领导，愿这杯酒为您带来最美好的祝福，
希望您的生活充满阳光，
事业一帆风顺，
家庭幸福美满。

祝＿＿＿总：
脸上不长青春痘，
身上不长多余肉，
大吃大喝自然瘦，
冬天轻，夏天白，
一年四季发大财！

＿＿＿＿＿＿领导，
白里透红，与众不同；
玉颜永驻，青春靓丽。

祝咱们＿＿＿＿＿领导，

长得美，长得靓，穿得美丽又时尚，

白里透红又发亮，到哪儿都有女神样。

＿＿＿＿＿领导，您气色真好真年轻，

一直是我学习的榜样，

感谢您一直以来对我的照顾和指导。

这杯酒我敬您，祝您身体健康，幸福美满！

＿＿＿＿领导，公司发生了翻天覆地的变化，

主要还是因为您优秀的指导。

我加入公司之后，得到了您不少的指导，

也有了很多锻炼的机会，非常感谢！

我非常荣幸能够加入您的麾下，遇到了您。

这杯酒敬您！

第一杯：

＿＿＿＿总，您衣服上有字母，工作很辛苦，今天务必喝舒服。

＿＿＿＿总，您这衣服穿成白，天天乐开怀，年年发大财。

干了这杯酒，祝您幸福快乐到永久！

第二杯：

＿＿＿＿总，您手指这么长，一看喝酒就比别人强。

这手戴戒指耳带环，一看就数您最有钱！

您这一笑还有俩酒窝，简直好看得没法说。

第三杯：

酒桌小百科

葡萄酒是采用哪种葡萄来酿造的？

★ 山葡萄酒：也就是野葡萄酒，是由野生葡萄为原料酿成的葡萄酒。

★ 家葡萄酒：用人工培植的酿酒葡萄为原料酿成的葡萄酒。国内葡萄酒生产厂家大都以生产家葡萄酒为主。

第六章 给领导的敬酒词

祝愿您一年更比一年好，
越活越美丽，越活越健康！

04　敬男领导的祝酒佳句

人有三宝：精、气、神。
您看，领导您这天庭饱满，满面红光，
说明是处于黄金时代。
在此给您端杯酒，
祝您仕途平坦，青云直上步步高！

这次跟客户的合同之所以能谈得这么顺利，
全靠领导的悉心指点。
小弟我铭记于心，
感谢感谢，这杯我干了！

"举杯邀明月，对影成三人"，
我们三人共同举杯，
祝大哥红运亨通，事事顺心！

多赚钱，少生气，年年不缺人民币，
出门就开法拉利，永远挣钱不出力。
祝您家和万事兴，事事都如意！

领导您事业正当午，身体壮如虎，
春风更得意，好事非您莫属。
我敬您一杯，干杯！

我给大哥敬杯酒，大哥不喝嫌我丑。
我和大哥感情深，我喝一口您一盅。
天上无云地下旱，刚才那杯不能算。
大哥和我感情铁，我祝大哥万事顺。

大哥和我感情深，绝对不怕打吊针；

大哥和我感情好，绝对不能现在跑。

大哥小口我大口，您不进去我不走。

高朋满座，欢聚一堂，第一杯美酒得您先尝。

这杯酒就祝愿您喜气多，打牌不输全自摸，

买彩票中大奖，股票还能天天涨！

别看_____总长得这么瘦，骨头缝里都是肉，

一杯两杯肯定喝不够。

_____总您左腿压右腿，喝酒像是喝白开水，端杯美酒漱漱嘴，

成功路上伴您走，辉煌事业好前程，不喝这酒可不行。

有缘千里来相会，无缘对面难相识。

今天能够认识_____总，就是一种缘分，

为了今天这缘分，

_____总，我敬您一杯，祝您事业越来越红火！

祝您精神好，事业旺，吃好喝好不发胖。

领导领导，日夜操劳，借酒祝您步步高升。

领导喝了这杯酒，准会人旺、家旺、运道旺。

领导能来次微笑，我们感到非常骄傲，

在这给您端杯美酒，愿您永远没有烦恼。

万物生长靠太阳，没有太阳，就没有光芒。

酒桌小百科

葡萄酒按照颜色，可以分为哪几种？

★ 白葡萄酒：用白葡萄或浅红色果皮的酿酒葡萄酿制而成，色泽近似无色或呈浅黄带绿、浅黄或禾秆黄色。

★ 红葡萄酒：用皮红肉白或皮肉皆红的酿酒葡萄酿制而成，色泽呈自然宝石红色、紫红色、石榴红色等。

★ 桃红葡萄酒：用皮红肉白的酿酒葡萄，在达到色泽要求后陈酿而成，色泽呈桃红色或玫瑰红、淡红色。

祝酒词
顺口溜

没有您的领导，就没有我们的发展，我代表大家敬您一杯。

您给予下属无私的关怀，无限的温暖，无微的呵护，
您先天下之忧而忧，后天下之乐而乐，
您两袖清风，不为留世芳名，只为无愧于心。
在这里，我怀着崇敬的心给您端杯酒，
愿您海阔凭鱼跃，天高任鸟飞，
祝您心想事成，万事如意！

桂林山水甲天下，人才全在您手下；
领导手下精英多，这杯美酒您得喝。
酒水只能暖人心，怎能把您头喝晕？
北京长城长，祝您事业更辉煌；
河南黄河宽，喝酒一定要喝干！
山外青山楼外楼，领导喝酒要带头，
我劝领导把酒端，杯中美酒全喝干。
祝福美酒全喝完，不要为难敬酒人。
喝完啤酒换白酒，这样领导最富有。
喝完白酒和啤酒，白银入库黄金有。
手中美酒不能放，喝杯美酒解百愁；
手中美酒不能停，家庭事业您双赢。

酒是事业的追求，酒是感情的交流，
也是我们今天相聚的理由。
_____总，今天我来给您倒三杯酒：
这第一杯，酒倒三分满，
祝您财达三江，红运四海。
这第二杯，酒倒一半，福气不断，
祝您名利事业双丰收，事业有成。
这第三杯，酒满敬人，满酒为敬，
这酒杯是圆的，酒是满的，
祝您以后的幸福生活圆圆满满！

第七章

给客户的敬酒词

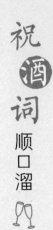

祝酒词
顺口溜

01 欢迎客户的祝酒佳句

喝酒您是行家，
倒酒我是专家。
今天很荣幸认识您，
让我来为您服务吧！

今天很荣幸认识您，
我感到很开心。
为我们第一次的缘分，
我敬您一杯。

欢迎各位来到这里，
让我们共同举杯，
为美好的未来和真挚的友谊干杯！
愿我们的情谊如同这杯美酒，越陈越香。

欢迎各位来到我们_____，
愿这杯美酒带给大家无尽的欢乐与温馨。
让我们共同举杯，
为美好的未来干杯！

欢迎各位尊贵客人的光临，
感谢你们一直以来的支持与信任。
在未来的日子里，
我们将继续携手前行，共创辉煌。
干杯，为我们的友谊和合作干杯！

欢迎远道而来，一路辛苦了。
请允许我敬您一杯，

以表达我深深的敬意和热烈的欢迎。
希望您的这次来访，
能为您留下美好的回忆和愉快的体验。

岁月悠悠，情谊绵长。
今日有幸接待诸位，倍感荣幸。
愿此间欢声笑语不断，友情深厚如初。
借此美好时光，敬各位一杯，
祝大家事业有成，家庭幸福！

_____总，感谢您的大驾光临，
今天和您交流真是让我长见识啊！
您管理公司的经验可是比我丰富得多，
以后还请您对我和我们公司多加指点与照顾。
为了我们合作顺利开展，
我先敬您一杯，祝愿我们今后合作愉快。

欢迎各位客户的到来，
您的光临让我们感到万分的荣幸。
感谢您一直以来对我们的支持和厚爱，
我们将继续为您提供最优质的服务。
让我们一起为这个美好的合作干杯，
共祝今后的合作更加紧密、更加愉快！

各位远道而来，
如同春风拂面，带来温暖与希望。

 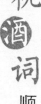
酒桌小百科

干红、干白中的"干"是什么意思？

　　葡萄汁在发酵时，里面的糖分会转化成酒精。所谓"干红"或"干白"，指的是葡萄酒里的糖分很少或几乎没有。糖分越少，酒质越"干"。

在此，我衷心祝愿大家在新的一年里，

事业有成，家庭幸福，身体健康，万事如意。

感谢各位光临今天的宴会，

我很高兴能够与大家共聚一堂。

我特别邀请大家品尝我们今晚的美酒佳肴，

希望大家能够尽情享用。

祝大家身体健康，事业有成，

同时也希望今晚的宴会能够让我们更加亲近。

我提议为大家干杯，

祝愿我们在未来的日子里共同创造更美好的明天！

02　赞美客户的祝酒词句

赞美客户的词语：

相貌堂堂，举止文雅，英俊潇洒，气宇不凡，玉树临风，仪表堂堂，眉清目秀，才思敏捷，过目不忘，博学多才，见多识广，才高八斗，学富五车，一鸣惊人，谈吐不凡，一针见血，一气呵成，出口成章，出类拔萃，功德无量，坚忍不拔，空前绝后，艰苦奋斗，无与伦比，日理万机，英明果断，人才出众，有头有尾，别出心裁，得心应手，知书达理，能说会道，出类拔萃，平易近人，多才多艺，才貌双全，年轻有为，气度非凡，精力充沛，眼光独到，足智多谋，神采奕奕。

赞美男性客户的词语：

很爽快，待人和气，为人直爽，很有学问，很有洞察力，思维远见，想法独特，意见独到，办事效率高，很有男人味，很有气质，很有安全感，人才出众。

赞美女性客户的词语：

保养得非常好，干练，好当家，心灵手巧，心细如发，心慈面善，通情达理，气质优雅，井井有条，容光焕发，神采奕奕，眉清目秀，女中豪杰，落落大方，举止高雅，眉清目秀，心思细腻，善解人意，气质高贵，超凡脱俗，身材苗条，心直口快，博学多才，体态轻盈。

赞美男性客户的句子：

看得出来，您很有才华。

感觉您的眼光非常与众不同。

看得出来，您比较幽默，是一个非常懂得生活的男人。

您提的建议非常好，感觉您是一个非常有品位的男人。

看您很年轻，并且您这个人非常不一般。

从您挑选产品来看，您平时做事相当地实在。

从我们今天的谈话感觉您平时做事很有激情，并且亲和力非常强。

感觉您全身上下充满活力，您平时一定是一个非常爱运动的人。

看得出来，您是一个知识渊博、知书达理并且见多识广的人。

您今天的精神非常好，运气也非常好，和您接触我也沾沾喜气啊。

您说话做事非常干脆利落，是一个做大事的人。

今年您的财气会非常旺。

赞美女性客户的句子：

您的气质非常好。

您今天穿的衣服很适合您，一看您就是一个懂生活的人。

我好羡慕您的头发，很飘逸。

您的身材好棒，穿什么衣服都很合身，我真的很羡慕您。

看得出来，您非常有女人味，并且非常年轻。

和您谈话对于我来说是一种享受。

看得出来，您是一个才女，和您谈话让我学到了很多。

您很有福气。

感觉您的眼光非常与众不同。

酒桌小百科

有的葡萄酒为什么会口感发涩？

葡萄酒口感是否发涩取决于里面单宁成分的多少。单宁是存在于葡萄皮或籽当中的物质。在酿制过程中，单宁会大量溶解在酒液中。它会影响葡萄酒的颜色，也会影响葡萄酒的口感。通常，越是新酒，里面的单宁含量越高，口感越涩。

祝酒词 顺口溜

给客户的敬酒词

第七章

065

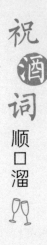

您是一个非常有品位的女人。
您说话做事非常干脆利落，是一个做大事的人。
您是一个知识渊博、知书达理并且温柔的女人。

_____总，要说谈业务、带团队，
我最佩服的人就是您。
无论走到哪里，您都能呼风唤雨。
我敬您一杯，希望您以后多多指教！

_____总，这次见您，我发现您比去年气色还要好，
刚才小跑上楼连气都不带喘的，
是不是天天在健身啊？
我敬您一杯，希望您身体永远倍儿棒！

_____总，我经常听我们领导讲您的故事，
您无论是在工作方面，
还是在个人魅力方面，
都能够让我学到很多。
我真的是太崇拜您了，
希望您以后能多多赐教，
今天我敬您一杯！

03　感谢客户的祝酒佳句

酒逢知己千杯少，情深意浓话未了。
感谢有您相伴左右，共同经历风雨与阳光。
今朝举杯同庆，愿未来日子如诗如画，
我们继续携手前行。
敬您一杯，感谢您的悉心指导和无私帮助，
愿我们的合作像这杯酒一样，越陈越香。

您真的太厉害了，

这个项目要是没有您的参与可不行。
我先提前为项目的成功，敬您一杯！
感谢您对我们的信任与支持，
祝福我们在未来共同创造更美好的明天。

多亏了您在这个项目中出了大力，
这个项目才能圆满成功。
为了感谢您，我一定要敬您一杯。
希望咱们两家公司今后多多合作，
互相帮助，一起迈上事业的巅峰！

感谢您今天来捧场，
您是我最珍惜的客户，
您是说话有准、办事靠谱的典范，
我们的合作一直非常成功。
在新的一年，我会继续努力，
提高客户满意度，
所以您需要什么、反感什么、喜欢什么，
请随时让我知道。
来，为我们今后合作愉快干杯！

谢谢！能得到您的夸奖，我感到非常荣幸。
您的满意是我们的追求，这些都是我们应该做的，
今天您的鼓励和认同，会使我不断进步。
我会百尺竿头更进一步，争取下次更好地为您服务。

祝酒词顺口溜

给客户的敬酒词 第七章

酒桌小百科

为什么说老葡萄酒比新葡萄酒好？

这个说法有个前提条件，即这些葡萄酒必须是存储在酒窖里大橡木桶中的酒。因为葡萄酒里的单宁会和木桶发生一系列积极的化学反应，所以才说老酒比新酒好。葡萄酒一旦装瓶，就失去了长年保存的价值，这种情况下刚出产的反而会更好一些。

04 拜托客户的祝酒佳句

_____总，我非常感激您一直以来对我们公司的支持，
现在我有一个小小的请求；
我们最近遇到了一些小问题，
需要您的指点才能更好地解决。
这次特意邀请您来，真的是遇到难处了，
请您多帮帮忙。这杯酒，我敬您！

_____总，我知道这件事不太好办，
但是我相信凭您的能力，
这都不是什么大问题。
当然了，我肯定会全力协助您。
有什么用到我的地方您直接跟我说，
我一定义不容辞。
这杯酒，我先干了，您随意。

_____经理，您的每一个支持和信任都对我们意义重大。
今年我们的业绩还得请您多费费心，
我想来想去只有您能帮我了。
请您费心考虑下，过两天给我答复也可以。
这次我是真的遇到难处了，请尽量帮我一把。
非常感谢您的支持！

05 祝福客户的祝酒佳句

读万卷书不如行万里路，
行万里路不如贵人相助。
祝福_____总日出有盼，日落有思，

平平安安，所遇皆甜！

岁月悠悠，情谊绵长。
与您相识，是我人生中的一份美好。
值此佳节，敬您一杯，
愿您事业有成，身体健康，合家幸福！

感谢有您，携手共进。
在这美好的时刻，
举杯祝愿您事业兴旺，财源广进，
家庭幸福，万事如意。

生意好，多赚钱，年年赚得花不完；
媳妇美，真好看，年年至少赚百万。
父母健康又开心，一年四季不缺金。
今年赚的明年花，年年分店开俩仨。
生意如同长江水，生活如同锦上花，
大财小财天天进，一顺百顺发发发！

一日千里迎风帆，两袖清风做高官，
三番五蕴创大业，四季发财路路宽，
五湖四海交贵友，六六大顺把钱赚。
金杯银盏喜气扬，欢声笑语乐无疆，
祝您生活如美酒，越品越醇厚芳香。

酒桌小百科

使用湿毛巾时有哪些注意事项?

★正式宴会前，会上一块湿毛巾。用它擦完手后，应该放回盘子里，由服务员拿走。

★正式宴会结束前，服务员会再上一块湿毛巾。它只能用来擦嘴，不能擦脸、擦汗。

祝酒词

顺口溜

各位来宾，女士们、先生们，
很高兴能够在这里与大家共度这个美好的时刻。
今天，我们聚集在这里，
不仅仅是为了庆祝我们公司的成功，
更是为了友谊和合作。
在此，我要向大家敬一杯酒，
祝愿我们的友谊长存！

_____总，感谢您一直以来的信任与支持，
愿我们的合作如美酒般醇厚，
事业如日中天，财源广进。
祝您生意兴隆，万事如意！干杯！

岁月流转，情谊长存；
商海沉浮，共铸辉煌。
敬您一杯，祝您事业蒸蒸日上，
财源滚滚而来；
愿您的生意越做越大，
财富越来越多。

新的一年里，希望能和您继续合作。
这杯酒是壮行的酒，
未来的征程中，充满着坎坷和艰辛，
让我们手挽手、肩并肩，
踏着泥泞的路，迎着朝阳，
朝着更高、更远的目标迈进！干杯！

第八章

公司聚餐祝酒词

01 敬领导的祝酒佳句

我很荣幸能够参加今天的聚会。
与各位领导这么近距离的交流机会，
对我来说真的很难得。
在座的各位领导，咱不说是日理万机，
也是朝九晚五、一心一意扑在工作上，
我深感佩服，同时也心生感激。
感激各位领导能够在百忙之中抽出时间关心我们的工作，
我在此以酒为敬，谢谢各位领导！

非常荣幸请到_____领导。我敬领导主要有三个想法：
一是跟您相处时间长了，
确实挺想坐一坐叙叙旧的，
这也是在座诸位的心愿；
二是几年来您对我们的工作照顾得挺多，
我们有些小进步也是您帮助的结果，
总想找个机会感谢一下；
三是希望您身体健康，精神愉快！
大家举杯，我干了，您随意就行。

今天很荣幸，非常感谢领导，
在百忙之中抽出时间来这儿小聚。
在您的培养下，我们收获很大，学到了不少东西。
为了感谢领导平时的培养和帮助，
这杯酒我先干为敬，
祝领导您步步高升、心想事成！

今天和大家聚在一起吃饭，很高兴，但是第一杯，
我要敬_____领导。

在工作和生活上，您都给予了我很大的关照，
所以我的工作才能有序地进行。
第二杯，我提议，大家一起举杯敬一下_____领导，
感谢领导今天的盛情款待。
在此，祝愿我们的团队更加有凝聚力和向心力，未来更加美好。

各位领导，
今天有幸与大家共聚一堂，我非常感激。
在这美好的时刻，我想向大家敬一杯酒，
祝愿我们的团队在未来的日子里更上一层楼，
业绩更加辉煌。
让我们一起举杯，为公司的繁荣发展干杯！

开场敬酒："感谢酒"
先敬领导第一杯，
感谢领导平时对我的关照，
我先干为敬。

很荣幸跟领导一起吃饭，
自从入职公司后，我特别喜欢咱们这里的拼劲，
感觉自己进步特别大。
相信在您的带领下，公司一定会发展得越来越好。

领导，我敬您一杯，
感谢您平时对我的栽培和照顾。
我先干了，您这边随意。

酒桌小百科

哪里出产的葡萄酒质量最好？

法国的葡萄酒质量被公认为世界前列，生产历史也最悠久。那里的葡萄种植园面积广大，所以葡萄酒产量很大。波尔多、勃艮第和香槟并称法国三大葡萄酒产区。

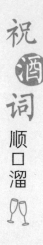

祝酒词 顺口溜

酒局一半时："衷心酒"
下面这杯我干了，
领导您请放心，
后面我一定好好地工作，
绝不辜负您和公司对我的期望。

这杯我敬您，
上次领导交代我的事情没有办得让您满意，
事后我很自责。
感谢领导的宽宏大量，
以后我一定会更加努力地把工作做细致。

我平时在工作上，没少给您添麻烦，
感谢您不厌其烦地教导。
我会谨记您的教诲，认真工作。
这杯酒，我敬您，您随意。我先干为敬！

_____总，没有您的指点和教导，就没有我的今天。
在以后的工作中，我一定会遵从您的教诲。
您怎么说，我就怎么做，绝不辜负您的期望。

_____总，公司现在的成绩，都是您有方，
我们能有今天的成绩，也全得益于您的栽培。
请您放心，我们一定认真工作、再接再厉，
减轻您的负担，为公司创造更好的业绩！

酒局后半场："求助酒"
很荣幸今天能和您一起吃饭，
我先敬您一杯，
我的事情还请您这边多多费心。
这次问题这么严重，
我第一时间想到的就是您。

我一直觉得您是我的贵人，
希望您给我指条明路。

酒局接近尾声："祝福酒"
　　领导注意身体，
　　最后一杯我再敬您，
　　喝完这杯领导您就休息吧！
　　您虽然酒量好，
　　明天还要早起上班，保重身体。

02　敬同事的祝酒佳句

　　_____哥，和您一起工作，
每次都能完美默契，配合到位。
感谢您的支持，
我们一人一半，感情不散。

　　_____哥 / 姐，感谢您_____年来的支持和帮助。
这_____年来没少麻烦您，我跟您学习了很多东西。
明年还会多麻烦您，您可千万别嫌弃啊。
我敬您一杯！

　　在这个温馨的团队里，
我感受到了家一般的温暖。
每个人都互相关心，互相帮助，共同成长。

酒桌小百科

香槟酒是葡萄酒吗？

　　香槟酒是由葡萄酒发酵以后，进行倒桶、澄清和混合调配，然后再加上甜味，装瓶后再经过二次发酵而成。

在此，我敬团队一杯，
愿我们友谊长存，
共同书写美好的人生篇章！

与您相处的时间最多，
和您协作的日子，
跟您一起加班，跟您一起奋斗，
同事情不比兄弟情差。
值此新春佳节之际，
愿您合家欢乐，连年有余！节后见！

同事之间共奋进，互相协作拼业绩，
关系和睦如兄弟，朝夕相处情意深，
新春佳节已来到，祝福绝对不会少。
愿您新春愉快乐逍遥，合家美满幸福伴！

大家工作都辛苦了，
难得在一起聚餐，
今天都放松一点，
我先干了这杯酒，
让我们碰碰杯、过过电，
联络联络感情线，
轻轻松松把钱赚，
祝愿大家今后生活越来越好，
扶摇直上九万里，
事业长虹节节高！

_____哥，不知不觉我们都认识_____年了。
我记得有一次我在工作上遇到了一个问题，
自己怎么都解决不了，
还是您知道以后，二话不说就帮着我解决了。
这对我来说真是雪中送炭，解决了一个大难题。
真心感谢能够遇到像您这么好的朋友。

来，这杯酒我敬您，祝您身体健康，工作顺利！

转眼间咱们一起工作_____年多了，
无论是在工作中还是在生活中，
大家对我照顾有加，
我一直想找个机会感谢一下大家。
今天大家能来参加饭局，我非常地开心。
我借此机会敬大家一杯，
祝大家工作顺心，生活舒心！
感谢大家捧场，我先干为敬！

作为新员工，非常荣幸能够加入咱们_____公司这个大家庭，
感谢大家给我这个机会！
虽然在一起的时间不是很长，
但我已经深深感受到了咱们这个集体的氛围和热情。
大家在平日里对我都十分照顾，
我以后一定会继续努力！
再次谢谢大家！

过去这段时间，很荣幸和大家一起共事。
大家一直都在帮助我，
给我很多的学习机会和成长机会。
我不胜酒力，在这里敬大家一杯，
让我们携手为_____公司的未来共同努力，
为各位的幸福生活一起努力奋斗！

酒桌小百科

为什么香槟酒打开后会产生气泡？

香槟酒是葡萄酒经二次发酵的产物。在这个过程中，酒液中的糖分会释放出二氧化碳，然后溶解在葡萄酒中，这就是香槟酒在开瓶时会产生气泡的原因。

真心感谢所有领导和同事，
很荣幸能和这一群热爱生活、热爱工作的领导和同事们，
一起成长，一起拼搏，一起努力！
衷心祝愿这次聚会，能让我们的心更加紧密地联系在一起，
加强沟通，加强联系，互相帮助，互相鼓励，共同进步！

我要向每一位同事表达我的赞赏之情。
我们每个人都是这个团队不可或缺的一员，
正是大家的共同努力和协作，
才使得我们能够在激烈的竞争中脱颖而出。
在此，我敬同事们一杯，
愿我们继续携手前行，共创美好未来！

03 同事离职时的祝酒佳句

昔日共事，今朝别离，
虽道不同，情谊不减。
愿您在新的征程中，
步步生莲，事业有成！
同事之情，永存心间。

举杯祝酒，祝即将离职的_____，
在新的工作岗位上继续展现自己的才华和魅力。

祝您事业蒸蒸日上，
生活幸福美满。
期待与您再次相聚，
共创辉煌未来。

举杯祝酒，
愿即将离职的_____前程似锦，
未来的人生之路步步高升。

回忆共事时光，感慨万千。

举杯祝贺_____离职，

期待未来更美好的相聚。

今天我们共聚一堂，

为即将离职的_____送行，

愿您在未来的道路上勇往直前，

取得更多的成就。

共事多年，情深义重，

今朝分别，祝福送行。

愿您前路坦荡，平步青云；

岁月静好，笑对人生。

感恩有您，珍视往昔，

期待未来更美好。

一路同行，感谢有您；

即将分别，祝福永远。

愿您的新旅程如诗如画，

飞黄腾达，事事顺心。

我们虽不能常聚，

但友谊永存，祝您大展宏图！

亲爱的_____，感谢您的陪伴与支持，

感谢您与我共同度过难忘的工作时光。

酒桌小百科

啤酒中有哪些营养物质？

啤酒中含有11种维生素和17种氨基酸。1升啤酒经消化后产生的热量，相当于10个鸡蛋，或500克瘦肉，或200毫升牛奶所生产的热量，所以啤酒也被称作"液体面包"。

祝酒词顺口溜

公司聚餐祝酒词 第八章

079

同事虽离别，情谊永相随。
祝您前程似锦，步步高升，
未来更加辉煌灿烂。
期待我们再次相聚，共话未来。

离职并不是结束，而是新的开始。
在新的道路上，愿您勇往直前，
绽放您的才华和魅力。
祝福您在未来的人生道路上一切顺利，
快乐无边。
再见了，我们的好同事。

同事离职，送上最真挚的祝福，
愿您在新的征程中万事如意，
人生美满。
后会无期，但未来可期。

送您一杯美酒，祝您前程路上福长有；
送您一杯清茶，祝您前程路上乐无涯；
送您一声祝福，祝您前程路上尽好运。
祝您：一路顺风！

风雨同舟共度时，感激有您相伴行。
今日离职情难断，祝您未来更辉煌。
职场如海深似海，愿您一帆风顺扬帆起。

送您一杯好酒，祝您前进路上无障碍；
送您一声祝福，祝您前进路上有好运；
送您一阵东风，祝您前进路上如神助。
男儿志在四方，勇往直前不畏难，
祝您在未来的道路上，步步高升事业顺，
身体健康福寿全。加油！

亲爱的同事们，
今天我们公司里的一位好伙伴，
即将离开我们去追求新的职业机会。
在这个特殊的时刻，让我们共同举杯祝酒，
祝愿他在未来的道路上一帆风顺，
事业有成，生活愉快。
让我们永远怀念他在这个团队中所留下的回忆和美好瞬间。

各位领导，亲爱的同事们，
我们公司里的一位好同事即将踏上新的征程。
在这里，让我们共同举杯，
祝愿他在新的岗位上越来越成功。
我相信今后不管身在何处，
他将永远珍惜这份与我们的回忆，
永远怀念我们美好的友谊！
大家要借今晚欢度美好时光的机会，
将这些想说给他的祝福说出来。
让我们一起发出心底祝愿，
祝他前程似锦，步步高升！

尊敬的各位领导，亲爱的同事们，
今天是我们公司_____的离职日，
感谢他在我们这个大家庭中的付出和努力。
让我们共同举杯，为他的未来发展祝福，
祝愿他在新的工作岗位上能够更加出色，
实现自己的梦想。

酒桌小百科

啤酒酒标上的度数是酒精浓度吗？

不同于白酒的度数，啤酒酒标上的度数指的不是酒精度，而是原麦汁浓度，即啤酒发酵进罐时麦汁的浓度。啤酒的度数有 18、16、14、12、11、10、8 度。日常生活中，我们饮用的啤酒大多是 11、12 度的。

在这个温馨的大家庭里，
我们中的一位成员即将离别，
去迎接新的挑战和机遇。
作为他的同事，我们感到非常舍不得。
但同时，我们也深感欣慰，
因为知道他将要踏上新的征程，开辟新的天地。
让我们向他表示最真挚的祝福，
祝愿他在新的路途中取得更大的成就。

今天，我们的团队里一位优秀的同事即将离任，
去迎接新的机遇和挑战。
他在这个大家庭中度过了美好的时光，
为我们的团队带来了无限的活力和动力。
在这里，我们要向他表达最诚挚的感激和祝福，
希望他在新的工作岗位上继续发光发热。

同舟共济笑中泪，同事离职情不灭。
并肩作战豪情在，今日离别心难舍。
梦想路上再启航，友谊长在心间留。
祝福前程似锦绣，再见依旧是英雄。

时光荏苒花已落，同事离职心难舍。
并肩作战情如歌，今朝离别泪婆娑。
事业路上再前行，友谊长存心相连。
祝福建功又立业，再见依旧是朋友。

风送离情满职场，泪眼送君心难平。
同事共事情如酒，今日离职友情留。
岁月漫长人依旧，未来路远梦不休。
心想事成再相逢，期待重逢更上一层楼。

_____，您离职之际，

我衷心祝愿您在新的工作岗位上如鱼得水，

百尺竿头更进一步。

虽然我们可能不再并肩作战，

但我始终记得那些共同度过的岁月。

感谢有您的陪伴，

愿您的未来充满阳光和欢笑，春风得意。

_____，我们曾并肩作战，共同面对挑战，

您的离职虽令人遗憾，但我又为您骄傲。

祝您在新的旅程中一帆风顺，

马到功成，前程无量！

04 同事退休时的祝酒佳句

在这个欢送的时刻，

我们要对所有即将退休的同事们表达最真挚的感激和祝福。

愿你们在退休生活中，

拥有更多的时间和机会去追求自己的兴趣和梦想，

享受美好的晚年生活。

祝福我们的老同事，

在新生活里，收获满满的幸福与安宁。

岁月悠长，我们的情谊永存心间。

愿您的退休生活如诗如画，精彩纷呈。

酒桌小百科

餐桌上有外宾时能劝菜吗？

★ 宴请外宾时，不要反复劝菜，可以向对方介绍中国菜的特点，请对方随意。

★ 国外通常没有劝菜和夹菜的习惯，如果一再劝菜，对方可能会反感，觉得自己受到逼迫。

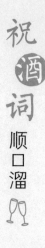
亲爱的同事，恭喜您光荣退休！
感谢您的努力工作和认真钻研，
为公司带来了无数荣誉与成就。
愿您在接下来的日子里，
享受更多的家庭幸福、健康快乐，
继续书写人生的新篇章！

岁月匆匆，时光荏苒。
感谢有您相伴，共度工作岁月。
如今您即将步入退休生活，
愿您在以后的日子十全十美，幸福安康。
祝您退休快乐，生活如意！

退休了，岁月不饶人啊，
让我们共同举杯，
向我们的老同事们致以最诚挚的敬意和祝福。
感谢你们过去的辛勤付出，
祝愿你们在以后的日子里，
快乐幸福地度过每一天，
在退休生活中享受到幸福和安宁。

亲爱的_____，感谢您陪伴我们走过这么多年的职业生涯，
感谢您多年的辛勤付出和无私奉献。
在您退休之际，我向您致以最真挚的敬意和祝福，
祝您退休生活愉快，愿您在未来的日子里，
健康、快乐、充实地过好每一天，
享受家庭和个人的美好时光。
我们会一直怀念您的智慧、热情和无私的奉献精神。

岁月如歌，这位老同事用他的职业生涯，
为我们谱写了一首无悔的赞歌。
让我们以最真挚的祝福欢送他，
祝愿他在今后的生活中健康、快乐，

愿他的每一天都充满阳光和笑声。
在新的旅程中，愿他的梦想成真，
生活更加美好。
再见，我们的老同事，
愿您拥有一个美好的退休生活。

亲爱的＿＿＿＿＿，感谢您在我们部门中的付出和努力。
在您即将退休之际，我们向您表达最深切的祝福。
愿您在未来的日子里，享受悠闲的生活，
生活得幸福快乐。

单位岁月匆匆过，同事情谊深深留。
感谢并肩共奋斗，退休之际送祝福。
愿君退休乐无边，家庭和睦万事兴。
身体健康常相伴，笑口常开永无忧。

风雨同舟数十载，共度时光岁月长。
今日您喜迎退休，
感谢您曾经的辛勤付出，
祝您在退休的日子里过得有滋有味，
身体健康，福寿双全！

岁月匆匆，转眼间我们并肩作战的日子已经过去。

酒桌小百科

为什么罚酒是三杯？

有人在赴宴迟到，或者在酒桌上说错话、做错事时，大家会采用罚酒的方式对他进行惩罚。但敬酒三杯，为何罚酒也是三杯呢？

选择三杯酒进行惩罚，一般是要给予对方一个警示：凡事"事不过三"，你做错了事，说错了话，不能超过三次。三杯之后，被罚者就可以重新开始，避免再犯同样的过失。

自罚当然也是三杯，这不仅是表达歉意，暗含了对自己言行不当的反思，也是给自己一个台阶下。

祝酒词

顺口溜

在您退休之际，我想送上最真挚的祝福，
愿您的退休生活悠闲自在、无忧无虑，
愿您的每一天都充满阳光和欢笑。
感谢有您一路相伴，祝您退休愉快，健康长寿！

我觉得＿＿＿＿＿是一个对我，包括我们单位，帮助特别大的人。
所以我就代表大家说几句：
希望您退休以后，能够继续发挥余热，
也希望您经常来我们这里看看大家。
在此，我们祝愿您青春常在，永远年轻，
更希望看到您在退休之后，
仍能傲霜斗雪，流香溢彩！

第九章

生日宴祝酒词

01 敬长辈的祝酒佳句

酒是福，酒是寿，喝了添福又增寿。
喝杯长寿酒，祝您再活九十九，
幸福好运到永久！
长命百岁，富贵安康。
心想事成，后福无疆。
吉祥如意，子孙满堂！

_____，祝您生日快乐，
愿您健康平安，幸福美满，
家庭和谐，长命百岁。
财源堆如山，步步高升迁。
快乐似神仙，麻将胡一天。
夕阳无限好，老人是块宝。
给您端杯酒，祝您身体好！

亲爱的_____，在您生日之际，
送上我深深的祝福：
愿您如东海之水长流不息，
如南山之松岁岁常青。
祝您生日快乐，身体健康，万事如意！

感谢您一路以来的悉心照顾与教诲，
祝您生日快乐，身体健康，
福寿双全，笑口常开！
愿您的日子充满阳光与欢笑，
愿您享受每一个美好的瞬间。

尊敬的_____，今天是您的寿辰。

您的经验和智慧是我们永远的榜样。
愿您在接下来的岁月里，
继续保持您的风采和健康，
享受生活的美好。
祝您生日快乐！

尊敬的＿＿＿＿＿＿＿，在这欢聚一堂的时刻，
我要对您说：感恩有您，您是我们心中的灯塔，
为我们指明前行的方向。
您有智慧而又坚韧，是我们永远的楷模。
祝愿您生日快乐，
愿您康健如松，福寿双全！

尊敬的＿＿＿＿＿＿＿，今天是一个特别的日子，
让我们共同庆祝您的生日。
在这个美好的时刻，
我想对您说：感谢有您，
因为有您，我们的生活更加丰富多彩。
您的慈爱和智慧，
一直是我们最为珍贵的财富。
祝您生日快乐，
愿您永远年轻、健康、幸福！

祝福声声传千里，福寿绵绵贺生辰。

酒桌小百科

啤酒按颜色分有哪些种类？

★淡色啤酒：色泽呈浅黄色和金黄色，产量最大。香味突出，前者口味清爽，后者口味清爽而醇和。

★浓色啤酒：色泽呈红棕色或红褐色。香味突出，口味醇厚，酒花苦味较淡。

★黑色啤酒：色泽呈深红褐色乃至黑褐色，产量较低。香味突出，口味浓醇，泡沫细腻。

祝酒词

顺口溜

在今天这个生日宴会上，我们欢聚一堂，
共同庆祝您老人家的高寿，
愿您在新的一年里身体健康，
笑口常开，福寿双全，喜乐无边！

恭祝老寿星，
福如东海，日月昌明。
松鹤长春，春秋不老。
古稀重新，欢乐远长。
同时也祝愿在座的各位都幸福安康，
大家的日子像美酒一样，越陈越香。

如日之升，如月之恒。
如山之寿，如松之青。
如梅傲雪，如湖平静。
今天是爷爷 / 奶奶 / 外公 / 外婆的生日，
祝福老人家长命百岁，天天快乐！

岁月如歌，感恩有您相伴。
今日恭祝爷爷 / 奶奶生日快乐，
福如东海长流水。
寿比南山不老松。
希望快乐常伴您的左右，幸福与您同行。
愿您笑口常开，健康长寿，
幸福美满每一天！

02 敬父母的祝酒佳句

岁月悠悠，父／母爱如歌，
祝爸爸／妈妈生日快乐，
身体健康，天天开心。
感谢您的辛勤付出和无私关爱，
愿您的生活如这美酒般醇厚，
愿您幸福安康，岁岁如意，
幸福永远伴随您左右。

母亲，您是这个世界上最美的人，
感谢您的包容、关怀与支持。
祝福您在这美好的生日里环绕幸福与快乐。
祝妈妈生日快乐！

亲爱的爸爸／妈妈，
您的无私奉献让我们感激不尽。
今天，又是您的生日，
我向您献上最诚挚的祝福：
祝您生日快乐，龙马精神！

岁月匆匆，父爱如山，
感恩有您，相伴左右。

酒桌小百科

啤酒杀菌和不杀菌，保质期分别是多长时间？

★ 鲜啤酒在生产后，没有经过巴氏灭菌，容易变质，保质期在 7 天左右。

★ 熟啤酒经过了巴氏灭菌处理，可以存放较长时间。优质的啤酒保质期在 120 天。

今朝为您庆生，
敬您一杯长寿酒，
愿您岁岁平安，笑口常开。

祝福我最爱的爸爸／妈妈生日快乐！
感谢您一直以来的照顾和教导，
愿您的生活充满欢声笑语，
愿您身体健康，心情愉悦。
在这个特别的日子里，
让我们一起举杯庆祝，
祝福您永远健康、快乐！

03　敬兄弟姐妹的祝酒佳句

生日到，福气来，
兄弟姐妹笑开怀。
愿你们岁岁平安，年年如意；
朝朝健康，夜夜安眠。
手足情深深似海，
心连心共度风雨。
祝哥哥／姐姐／弟弟／妹妹生日快乐，万事胜意！

兄弟姐妹共聚首，
笑声欢声满屋头。
岁月流转情更浓，
祝福声声暖心扉。
生日之际同祝愿，
健康快乐永相随。

亲爱的弟弟／妹妹，
今天是你的生日，
也是我与你共享的一份喜悦。

愿你在新的一年里快乐成长，
学习进步，事事顺心！
我们是一家人，无论何时何地，
都愿陪伴在彼此身边，
共同度过每一个美好时刻。
祝你生日快乐！

今天是你的生日，
浓浓亲情包围着你，厚厚天地保佑着你，
连连好运跟随着你，个个朋友关心着你，
甜甜问候祝福着你：生日快乐！

哥哥／弟弟／姐姐／妹妹，
在你生日到来之际，
诚挚地献上我的祝愿：
一愿你身体健康，
二愿你幸福快乐，
愿所有的祝福都陪伴着你，
愿你能够快乐每一天，
幸福到永远！

04　敬朋友的祝酒佳句

岁月如歌，友情如酒，
今日为君举杯庆生。

酒桌小百科

哪里出产的白兰地质量最好？

　　法国是世界上首屈一指的白兰地生产国。法国最有名的白兰地产区是干邑和雅文邑。干邑地区酿造的葡萄酒，享有"白兰地之王"的美誉。

祝酒词 顺口溜

愿你岁岁平安如意，朝朝健康无忧。
我们的友谊如同这美酒，越陈越香。
祝生日快乐，我的挚友！

生日快乐！
愿你的快乐如春光般明媚，
幸福如夏日般热烈。
莫逆之交，友情永存，
愿我们的友情如初，
岁月不老，我们不散。
祝你岁岁平安，年年如意。

生日到，福气绕，
送你一份大礼包，
装满幸福与欢笑。
愿你岁岁平安如意，年年健康无忧。
祝我的好朋友生日快乐，心想事成！

亲爱的_____，在这特别的日子里，
祝你生日快乐！
愿你的每一天都充满温暖和感动，
每一步都走向成功和幸福。
感谢有你在我的生命中，
让我们一起迎接更美好的未来！

亲爱的闺蜜，
感谢你一直以来的陪伴和支持。
在今天这个特别的日子里，
我要祝你生日快乐，
愿你的生活如你所愿，
愿你的未来一帆风顺！

今天是小仙女的生日，

也是我们一年一度的闺蜜聚餐！
祝我的_____生日快乐，
愿我们的友谊长存，
相互陪伴在彼此的生命中！

我们的友情就像这杯酒，越陈越香。
愿你的生日充满温馨和幸福，
愿你的未来比过去更加美好。
为你的生日干杯，
为我们的友谊长存干杯！

时光不老，青春常留；
时光如歌，友情不变。
时光越久越醇，友谊越走越真，
祝好闺蜜生日快乐！

05　敬爱人的祝酒佳句

谁说夫妻本是同林鸟，大难临头各自飞，
我们经历了贫穷，走过了人生的苦痛，
度过了人生中最难的日子，
还是那么相依相伴，
好比人生快乐神仙。

酒桌小百科

白兰地酒标上的字母和星印是什么意思？

字母和星印表示白兰地的贮存时间，贮存时间越久越好。

★字母："V.S.O"为12—20年陈的白兰地酒，"V.S.O.P"为20—30年陈的白兰地酒，"X.O"一般指40年陈的白兰地酒。"X"是Extra的缩写，是格外的意思。

★星印：一星表示3年陈，二星表示4年陈，三星表示5年陈。

亲爱的,祝福你生日快乐!

有一句话我们都没有时间说,
可是我们心里都非常明白。
今天我在你生日来临之时,把它说出来吧!
我爱你,这辈子,下辈子,永远不变。
祝生日快乐!

祝我的老公/老婆生日快乐!
愿你的每一天都充满阳光和欢笑,
每一个愿望都能如期实现。
我爱你,比昨天更爱你!

夫妻风雨一起走,爬过高山,漂过大海,
在人生岁月中携手前行,不怕风吹,不怕雨打,
只怕对方受苦又受累。
我爱你,我亲爱的,祝福你生日快乐!

命运,给我最好的恩赐,
就是让我在对的时间遇上对的你。
从此,我们天南海北,时刻相随;
从此,我们细水长流,温馨守候;
从此,我们心有灵犀,相偎相依。
今天,在这个温馨的日子里,我要说出爱的宣言:
亲爱的,生日快乐!

今天是你的生日,我的老公/老婆。
愿你岁岁平安,年年如意,
在生活的每一个瞬间,
都能感受到我对你的深深思念和无尽的爱意。

在属于你的日子里,
我想对你说:

有你的陪伴，生活更加精彩；

有你的关怀，我感到无比温暖。

在新的一岁里，愿我们携手共度更多温馨时光，

一起创造更多美好回忆。

生日快乐，我的老公/老婆！

祝我的老公/老婆，

在这个特别的日子里，

龙马精神，事业有成；

龙腾四海，爱情甜蜜。

愿我们的爱情如龙鳞般坚固，

如龙须般长久。

生日快乐！

你是世界上最幸福的女人，

有一个英俊潇洒、风流倜傥、幽默风趣，

并且十分爱你的老公，

守着对你一生一世的承诺，

在每一年的今天陪你一起走过。

永远爱你，老婆，生日快乐！

你是世界上最幸福的男人，

有一个爱你的老婆，守着对你一生一世的承诺，

在每一年的今天陪你一起走过。

亲爱的，生日快乐！

酒桌小百科

干邑是根据什么来划分等级的？

干邑的等级是根据其在橡木桶中的陈酿时间来划分的，主要等级包括 V.S（至少陈酿 2 年）、V.S.O.P（至少陈酿 4 年）、X.O（至少陈酿 10 年），以及最新加入的 X.X.O（至少陈酿 14 年）。这些等级的价位通常也是由低至高的。

06 敬同事的祝酒佳句

生日快乐，我的同事！
愿你的每一天都充满幸福，
每一步都走得坚定而有力。
希望我们在工作中相互支持，
在生活中相互照顾，
一起创造更多的美好回忆。

岁月如歌，与你共谱，
今日生辰，特此祝贺。
愿你事业蒸蒸日上，
生活步步高升，
笑口常开，心想事成。
生日快乐，我的同事！

生日快乐！在新的一岁里，
希望你的笑容像阳光一样灿烂，
事业像火箭一样冲天，
生活像蜜糖一样甜美。
祝你每天都开心，事事顺心如意！

亲爱的同事们，今天我们的好搭档_____过生日。
在这一年里，他默默地付出和努力，
为我们的工作带来了很多帮助。
让我们举杯祝他生日快乐，
希望他能够继续保持优秀的表现，
与我们一起为公司的发展添砖加瓦。

各位同事，

今天是我们团队里的一位好朋友的生日。
在生活中，他是我们的好伙伴；
在工作中，他是我们的得力助手。
让我们共同干杯，
祝愿他生活更加美好，事业更上一层楼！

各位亲爱的同事，今天是_____的生日。
在过去的日子里，他一直都是我们的开心果，
给我们带来无数的欢笑和快乐。
让我们举杯庆祝他的生日，
祝愿他永远保持这份阳光和活力，
在生活中收获更多的幸福和成功。

各位亲爱的同事，
今天我们公司里的一位好兄弟迎来了他的生日。
在过去的一年里，他为我们团队做出了巨大的贡献，
展现出了他的才华和能力。
让我们衷心地祝福他，事业蒸蒸日上，
身体健康，万事如意！

祝你生日快乐，我的同事！
感谢有你的陪伴和合作，
让我们的工作更加顺利和愉快。
愿你在新的一岁里事业有成，
生活幸福，健康快乐每一天！

祝酒词顺口溜

第九章 生日宴祝酒词

酒桌小百科

葡萄酒的年份越老越好吗？

不是。葡萄酒的好坏要看具体的年份。有些年份的葡萄好，才会有好酒。比如，可能 88 年的酒会比 86 年的酒卖得贵，就是因为也许 88 年的葡萄比 86 年的好。

07 敬领导的祝酒佳句

领导，在单位的这段时间里，
我认识了您，了解了您，
在您身上学到了很多，
您就是我的老师。
今天是您的生日，
祝您生日快乐，合家欢乐。

领导，感谢您在工作上无私地帮助我，
感谢您在生活中悉心地照顾我，
愿您以后身体健康，长命百岁，
工作顺利，步步高升，
增岁增富贵，添彩添吉祥。

尊敬的领导，我要谢谢您！
您一直关心我、照顾我，
给了我支持，给了我信心。
您是我们的榜样和引路人，
祝您在新的一年里事业更上一层楼。
我祝您生日快乐。

能在您的指导下成长、拼搏、努力，
对我来说，是幸福、快乐、开心。
今天，在您生日到来之际，
我祝福您生日快乐！
感谢您一路栽培。

一路走来，因为有您，
我才会有今天的成就。

工作中，因为您一直在前面带头，
我们才会那么尽职尽责。
领导，在此，真的非常感谢您，
祝福您生日快乐，一生幸福！

我不是一个出色的员工，
可我有一个最好的领导。
您一直关心着我，照顾着我，
给了我信心，给了我幸福。
我真的真的非常感谢。
今天，您生日到了，祝福您生日快乐！

领导，您一直对我说，
千里之行，始于足下，
不积跬步，难成大才。
这么多年来，我终于体会到这句话的含义。
领导，在此说声谢谢！
在您生日到来之际，
祝福您生日快乐，一生平安！

领导，今天是一个大喜之日，
我们终于迎来了您的寿辰。
一直以来有很多话想对您说，
现在借此机会，全部送给您：
感谢您这么多年的悉心栽培，
没有您这个伯乐，

酒桌小百科

与酒有关的名人：杜康

杜康是中国古代传说中的"酿酒始祖"，被誉为"酒圣"。根据民间传说的记载，杜康善于酿酒，后世将杜康尊为酒神，制酒业则奉杜康为祖师爷。后世用"杜康"借指酒。

也不会有我这匹千里马。

领导，真的非常感谢，祝福您生日快乐！

一直以来，您都是一个热爱生活、热爱工作的领导，

您就是我学习的榜样。

您关心人，体贴人，

让人觉得温暖，让人体会到幸福。

领导，祝福您生日快乐！

第十章

婚宴祝酒词

01 朋友的祝酒佳句

琴瑟和谐，奏出爱的交响曲，
洒着一路的祝福；
钟鼓齐鸣，鸣着心的欢喜调，
写着一生的美好。
在你们大喜的日子，
我祝你们永结同心，白头偕老！

人生三大喜，亲爱的朋友，
在你新婚的日子，
让我诚挚地祝你新婚快乐！
敬祝百年好合，永结同心！

你们本就是天生一对，地造一双，
而今共偕连理，
今后更需彼此宽容、互相照顾，
祝福你们！

闻君新婚之喜，甚是欣慰。
愿你们在爱的旅程中相互扶持，
共同创造美好的未来。
祝白头偕老，永结同心！

在这春暖花开，
群芳吐艳的日子里，
你俩永结同好，
真所谓天生一对，地生一双！
祝愿你俩恩恩爱爱，白头偕老！

恭喜你们步入爱的殿堂，
祝百年好合！
相亲相爱幸福永，同德同心幸福长，
愿你俩情比海深！
祝你们永远相爱，携手共度美丽人生。

经历了爱情海里的风雨，
终于等到今天这个阳光灿烂的日子。
恭喜你们喜结良缘，共浴爱河；
祝福你们相亲相爱，幸福到老！

新婚之喜，龙腾四海。
愿你们的爱情如龙凤呈祥，
事业如龙马精神。
愿你们在生活的海洋中携手共航，
创造属于你们的幸福港湾。

亲爱的_____，恭喜你在这个美好的日子里，
迎来了属于自己的幸福时刻。
愿你的爱情像鲜花一样，绽放芳香；
愿你的生活像音乐一样，美妙动人。
祝福你们新婚快乐，白头偕老！

酒桌小百科

与酒有关的名人：李白

李白是唐朝著名诗人，被誉为"诗仙"。他除了善于作诗外，也爱好饮酒，写过许多与酒有关的名篇佳句，比如《将进酒》中的"五花马，千金裘，呼儿将出换美酒"。杜甫也在《饮中八仙歌》中云："李白斗酒诗百篇，长安市上酒家眠。天子呼来不上船，自称臣是酒中仙。"

02　新郎新娘父母的祝酒佳句

龙凤呈祥喜迎庆，连理结对爱得双；
才子好逑美人倾，佳人觅得如意郎；
你侬我侬臻家境，甜言蜜语入洞房；
良辰吉时终身定，天长地久夫妻档。
祝愿你们白头到老，恩爱一生，
在事业上更上一个台阶，
同时也希望大家在这里吃好、喝好！

新婚之日喜气扬，双喜临门福满堂。
祝愿你们情比金坚，爱如海深，
携手共度未来岁月，白头偕老乐无疆！
来！让我们共同举杯，祝大家身体健康、合家幸福，干杯！

新婚燕尔，喜气盈门。
愿你们如鸳鸯戏水，情深义长；
如松柏之茂，岁岁常青。
携手共度风雨，相伴笑看夕阳。
祝你们新婚快乐，白头偕老！

今天是你们人生中最特别的一天，
我衷心祝福你们新婚快乐，百年好合！
愿你们的爱情像美酒一样，越陈越香；
愿你们的生活像蜜糖一样，甜甜蜜蜜。
祝福你们永结同心！

良缘由夙缔，佳偶自天成。
我祝愿你们俩，
今日赤绳系足，来日白首齐心。

衷心希望你们在事业上波澜壮阔，
家庭里风平浪静，
生活中白头偕老，
一辈子幸福安康！

愿你们夫妻恩爱，从今以后，
无论是贫困，还是富有，
都一生一世，一心一意，
忠贞不渝地爱惜对方，
在人生的路途中永远心心相印，
白头偕老，美满美好！

03 介绍人的祝酒佳句

鸳鸯不独戏，夫妻树缠绕，
寻觅终生伴，今日成正果，
喜结连理枝，相携共余生。
今天是你们大喜的日子，
我祝你们喜结连理，白头偕老，
早生贵子，幸福一生！

新郎和新娘，牵手进礼堂，
几年相思苦，今日愿得偿。
亲人面含笑，朋友绕身旁，
祝福语不断，欢笑声飞扬。

酒桌小百科

中餐的上菜顺序是什么？

一顿标准的中式大餐，上菜顺序通常是先上冷盘，接下来是热炒，随后是主菜，然后上点心和汤。如果感觉吃得有点腻，可以点一些餐后甜品，最后上果盘。

饮过交杯酒，共入鸳鸯帐，
早日得贵子，幸福永徜徉。
祝新婚快乐！

从此月夜共幽梦，
从此双飞效彩蝶，
千古知音此心同，
一切尽在不言中。
红烛高照盈笑意，
真心祝愿你俩百年琴瑟，白头偕老！

他是词，你是谱，
你俩就是一首和谐的歌。
相亲相爱幸福永，
同德同心幸福长。
天作之合，鸾凤和鸣，
愿你俩情比海深！
新婚快乐！

郎有才华前途好，女有美貌惹人喜，
相亲相爱好伴侣，同德同心美姻缘，
花烛笑对比翼鸟，洞房喜开并头梅。
祝相爱年年岁岁，相知岁岁年年！

礼炮缤纷空中啸，花团锦簇新人笑，
车水马龙门前绕，宾客亲朋屋内闹，
花好月圆时刻到，共拜花堂满面笑，
百年修得同船渡，如今已是同林鸟。
愿你们婚姻幸福，白头偕老！

04 新郎新娘领导的祝酒佳句

今天是你们大喜的日子，
我代表单位和全体员工衷心地祝福你们：
新婚幸福、美满！
愿你俩百年恩爱双心结，千里姻缘一线牵；
海枯石烂同心永结，地阔天高比翼齐飞；
相亲相爱幸福永，同德同心幸福长！

祝贺两位新人喜结连理！
在这个美好的时刻，我想说：
愿你们的爱情像公司的业绩一样蒸蒸日上，
生活像公司的文化一样丰富多彩。
祝福你们新婚快乐！

我代表全体领导和同事，
向新人表达最诚挚的祝福和期望：
希望你们在未来的日子里，
能够相互扶持、相互理解、相互包容，
一起经历生活中的酸甜苦辣，
一起走向美好的未来。祝福你们！

酒桌小百科

商务宴请点菜时有什么注意事项？

★人均一菜是通用的规则。如果男士较多可以适当加量。

★一桌菜最好有荤有素，有冷有热。男士多可以多点些荤菜，女士多可以多点清淡的菜。

★普通商务宴请的每道菜在50—80元即可。高档的商务宴请要点够分量的菜。

★点菜时不要问服务员价格或讨价还价，这样显得小气。

在这个欢庆的日子里，
我作为一名领导，满心欢喜地祝福新人喜结连理，
愿你们在今后的人生旅途中，
始终手牵手，肩并肩，
共同迎接挑战，分享喜悦；
愿你们的爱情像我们公司的成功一样，
经过时间的沉淀，越发珍贵。

05　给新郎父母的祝酒佳句

祝贺您二位喜得好儿媳，
温柔孝顺、落落大方的好闺女。
我祝愿他们夫妻恩爱，白头偕老，
相看两不厌，真爱永不变！
恭喜恭喜啊！

恭喜恭喜，您家娶进了这么好的儿媳妇！
新郎和新娘真是一个帅气，一个漂亮，
天生一对，地造一双呀！
祝愿他们白头偕老，早生贵子，幸福美满！

新郎和新娘真是郎才女貌、才子佳人、珠联璧合啊！
你们一家人真是太幸福啦！
在这里我祝愿他们爱情甜蜜，生活幸福，
早生贵子，新婚快乐！

在这个重要的日子，
多年的养育，终于有了好的结果。
你们辛苦了，以后就把新郎交给新娘，
相信他们一定能过上幸福的生活。
您二位就好好地享福吧！

恭喜！您家的儿子真的很优秀，
取得了如此漂亮的一个儿媳妇。
祝他们百年好合，早生贵子，
这样您就能早日抱上小孙子了！

恭喜您家娶了这么好的儿媳妇！
新郎帅气，新娘漂亮，
真是天造地设的一对。
祝他们婚姻生活幸福，早生贵子！

06 给新娘父母的祝酒佳句

新郎新娘真是郎才女貌，
才子配佳人，你们真是幸福的一家人。
在此祝他们爱情甜蜜，生活幸福！
办婚事你们辛苦了，以后的事就交给新郎新娘，
你们就好好享受晚年生活吧！
祝你们身体健康，万事如意！

恭喜您二老喜得佳婿，
一对璧人，郎才女貌，

酒桌小百科

商务宴请点菜时要优先考虑的菜肴有哪些？

★ 有中餐特色的菜：宴请外宾时，点一些具有中国特色的菜肴，会更受到外宾的欢迎。

★ 有本地特色的菜：宴请外地客人时，点具有本地特色的菜肴，会比生猛海鲜更受好评。

★ 本餐馆的特色菜：很多餐馆都有自己的特色菜，点特色菜能够体现主人的热情和对客人的尊重。

祝酒词

顺口溜

佳偶天成，折煞旁人呀！
祝愿他们一生一世永相随，
相亲相爱到白头。
恭喜恭喜，新婚快乐！

恭喜恭喜，您家千金嫁给了爱情，
以后的生活一定会美满幸福。
祝愿他们恩爱甜蜜，不离不弃，
携手共进，同创美好家庭。新婚快乐！

恭喜啊恭喜，这一对才子佳人，让人羡慕。
我在这里祝愿他们爱情如辣酱，火热又蜜香；
婚姻像骨头汤，温润又滋养，
也祝你们身体健康，早日抱得外孙。

恭喜令爱结婚，真是可喜可贺。
优秀的父母才会养育出优秀的儿女。
真是郎才女貌，让人羡慕。
祝他们永结同好，天长地久，
也祝您家团团圆圆！

今天是个重要的日子，
多年的养育终于有了好的结果。
你们辛苦了，费心了。
以后就把新娘交给新郎吧，
他们一定会幸福的，
你们也可以好好享福。
祝身体健康，万事如意！

第十一章

开业祝酒词

01 给店铺的祝酒佳句

新店开张，喜庆盈门，
恭祝贵店开业大吉，生意兴隆通四海，
财源茂盛达三江！
愿美食佳肴人称赞，宾朋满座笑颜开，
日日进宝夜夜兴，共谱辉煌新篇章。

开业大吉，事事如意，
生意兴隆，友人广聚，
经营有道，财路滚滚，
上下齐心，红火满门，
喜笑颜开，早日发财。
恭贺朋友开店大吉，
愿事业顺心，富贵吉祥！

开店喜庆，喜气远扬，
开店幸福，幸福飞扬，
开店辉煌，辉煌走远，
开店成功，成功疯长，
愿您开店有喜，万事如意！

开业大吉，财神来到，
祝你：
财源广进，如滔滔江水连绵不绝；
订单不断，如黄河泛滥一发不可收拾。

交好运，迎新光，店面开张；
红火日，幸福时，财气奔来，
生意好，财运好，日子渐好。

梦想近，成功望，将来幸福展望，
打开独立经营梦，开始奋斗拼搏情，
愿你万事顺畅！

鞭炮声声响，笑容在脸庞，
花篮两排放，宾客请进堂。
生意渐渐旺，人脉渐渐广，
财路渐渐宽，幸福渐渐长。
店面一开张，梦想就见光，
愿你生意兴旺，兴隆顺畅。

红火的日子开始店面，
红火的生意经营店面，
红火的财运辉煌店面，
红火的将来幸福满面，
红火伴随着您，
愿您幸福往前赶。
愿您开店大吉，生意红火，
万事如意，一帆风顺！

酒桌小百科

宴请座次解析

★ **主陪**：是请客一方的第一顺位，也就是请客的人，是陪酒里的最尊贵的人或最高职位者，坐在正对门口的正面，主要作用基本就是把握本次宴请的时间、喝酒程度等。

★ **副陪**：是请客一方的第二顺位，是陪客里面第二位尊贵的人，位置在主陪的对面，也就是正好背对门。

★ **主客**：是客人一方的第一顺位，是客人里面职位最高者或地位最尊贵者，应坐在主陪的右手边。

★ **副客**：是客人一方的第二顺位，位置在主陪的左手方。

★ **三客**：是客人一方的第三顺位，位置在副陪的右手方。

★ **四客**：是客人一方的第四顺位，位置在副陪的左手方。

祝酒词
顺口溜

开店大喜六六六，
顺风顺水朝前走；
开业大吉八八八，
恒发隆发发发发；
开张大乐九九九，
好运财运到永久。
祝您生意兴隆！

今日开业，送上开业祝福：
鹏程似锦，千端称意，
新业兴盛，万事顺心，
四面八方，客来客往，
门庭若市，店门呈盈，
生意昌盛，财源滚滚！

今天是个值得庆祝的日子，
我为您新店开张感到高兴，
衷心祝福您在将来的日子：
生意多到应接不暇，
朋友交到知心无数，
数钱数到手脚并用，
欢喜快乐到眉飞色舞！

贵店今日开张，送上一副对联表达我的祝贺：
上联是"展望老板事业火火富贵长"，
下联是"预祝贵店财源滚滚生意旺"，
横批"势不可挡"。
盼望你的事业如披荆斩棘的大船般继往开来！

新店开业，祝您：
生意兴隆通四海，海阔天空任您飞，
飞向云霄，一展凌云壮志；
财源繁茂达三江，江深水远凭您游，

游到龙宫，再现王者风采。
祝福开业大吉，马到成功！

开张之际，盛情恭贺：
一贺您财源广进，二贺您生意兴隆，三贺您财富满门；
一祝您金玉满堂，二祝您兴旺发达，三祝您开张大喜；
一愿您福寿满堂，二愿您天赐吉祥，三愿您请我大餐！
恭祝：开业盛典齐欢腾！

千里之行，始于足下，
万家连锁，起于一间。
祝愿朋友：开业大吉，
经营顺利，生意兴隆，
财源广进，事业有成，
人生幸福！

在您开店的大喜日子，送来朋友的真情祝福：
愿您聪明加智慧，经营有条理；
和气加微笑，生财有门道；
善良加认真，事事能顺心；
坚持加努力，成功在平时。
祝您开店吉祥，万事如意！

开店为梦想，独立有希望，

酒桌小百科

参加宴会时，入座有什么注意事项？

★入席前应该等长者坐定再入座。

★男士应该等女士坐定后再入席。如果女士坐在身边的座位时，应该和对方打招呼。

★坐姿要端正，与餐桌之间保持一定的距离。

★在饭店用餐时应该在服务生的引导下入座。

生意要兴隆，经营有热情，
机遇常光临，财运常临近，
和气在店面，财气罩身边，
幸福常相伴，辉煌一天天。
愿您开业幸福，万事如意！

开店大庆，开业大吉，开业大喜：
快乐送您666，顺心顺意顺利发，
幸福送您999，左右逢源财富有，
财神送您888，财源滚滚发发发！

新店开业，
祝您开出好运，张扬创业精神；
祝您开出幸福，彰显智慧勇气；
祝您开启财富之门，
张张钞票如雪花般向您飘来。
祝您新店开业大吉大利！

独立从创业开始，成功从开店开始，
辉煌从经营开始，幸福从生意开始，
财运从今天开始。
吉祥如意伴随您，心情舒畅随着您，
愿您万事大吉，一切顺利！

今日您店开业，
我恭祝您：
生意扬名四海，财运亨通住豪宅；
众路财神盈门，财源滚滚奔您来。
恭贺开业大吉，生意兴隆！

开店大吉！
祝福您：生意红门大大开，横财竖财滚进来！
祝福您：财源滚滚如洪水，生意兴隆达三江！

祝福您：四海财富向您涌，数钱数到手抽筋！

开始一个店面，生活多了一份希望，
愿您活出精神；开始一个事业，
心中多了一份牵挂，愿你活出责任；
多了一条财路，梦想多了一个方向，
愿你活出坦荡。祝您开业大吉，生意兴隆！

开店大吉，万事如意，
生意兴隆，财源广进！
愿您努力有成功，买卖有收获；
愿您发财在今朝，兴隆在此刻。

新店开业，恭喜恭喜！
祝您发财，生意一本万利，
能力超群，练就三头六臂，
广交朋友，遍及五湖四海，
久经考验，不变百折不挠，
事业成功，延续千秋万代。

酒桌小百科

使用筷子时有哪些注意事项？

★ 无论筷子上是否有残留的食物，都不能去舔筷子。

★ 和人交谈时，要先放下筷子。不能一边说话一边挥舞筷子。

★ 不要把筷子竖着插在食物上。筷子竖着插在碗里通常代表祭祀或者与祭祀相关的寓意。

★ 不要用筷子来剔牙、挠痒或是用来夹取食物之外的东西。

02 给公司的祝酒佳句

开张大喜，张灯结彩迎财神！
愿您张开财宝大网，网进天下财宝，
生意红火发发发，数钱数到乐开花！

开业是财富人生的起点，给您两条路：
一马平川事业路，
两心欢悦财宝路。
它们都能带您到达人生的顶端。
祝您生意兴盛，数钱数到手抽筋！

今天是个好日子，开张大吉又大利，
财源滚滚运气亨通，您也从此踏上老板人生。
昨天的积淀，明天的期盼，
还有今天的脚踏实干；
洋溢的喜气，一脸的和气，
从此一定一本万利！

开业大吉走财路，人生事业迈起步。
愿您拥有三气：
一气是人气，广邀四方朋友；
一气是财气，广聚四方财源；
一气是和气，全体员工团结一致。
生意兴隆那是必须的！

地上鲜花灿烂，
天空彩旗飘扬，
火红的事业财路广进，
温馨祝福繁荣昌隆，

真诚带动跳跃的音符，
为您带去春的生气。
祝您生意兴隆，万事如意!

送您一个吉祥好运篮，
低层装上一帆风顺，
中间呈放财源滚滚，
四周堆满富贵吉祥，
上面铺着成功和喜悦!
祝公司开业大吉!

开张大吉，送上祝贺:
祝您日进斗金，装满仓;
月月盈利，数钱忙;
年年大发，门庭旺。
时时红火，分分兴旺，秒秒兴隆!

小天地，有作为，大文章，有业创;
有志人，路鹏程，肯吃苦，会择业;
有为人，路无限，能求实，敢创业。
您有志，亦有为，愿您开业大吉大利、红红火火!
祝您事业蒸蒸日上、顺顺利利!

酒桌小百科

使用勺子时有哪些注意事项?

★尽量不要单独用勺子取菜。勺子取食物时不要过满，以免溢出后弄脏餐桌或衣服。

★勺子不用时应该放在自己的碟子上，不要放在餐桌上或食物上。

★用勺子取食物后，不能再倒回原处，可放在自己碟子里。

★食物太烫时，不要用勺子舀来舀去，不能用嘴吹。

★不要把勺子塞到嘴里，或者反复吮吸、舔食。

事业大成就，生意更长久！
三江顾客盈门至，百货称心满街春。
财如晓日腾云起，利似春潮带雨来。
五湖寄迹陶公业，四海交游晏子风。
祝您财源通四海，生意畅三春！

送您一棵发财树，财源滚滚挡不住；
送您一朵好运花，财神天天到您家。
祝开业大吉，财运不断！

今天是个值得庆祝的日子，
我为您开启事业里程的新篇章感到激动，
衷心祝愿您：
事业从此起步，命运从此改变，
生活从此丰富，人生从此精彩！
祝开业大吉，一帆风顺，
生意兴隆，财源广进！

公司开业大吉，收到者：
福气自天而降，人气自地而升，
财气自东而来，喜气自西而至，
运气自南而到，旺气自北而袭，
瑞气由心而生，祥气由我而发！
祝您凌云豪气，珠光宝气，兴旺盛气！

值此公司开业大吉之际，
朋友我送祝贺表心意，
愿您一心一意聚人气，
一炮走红揽喜气，
一帆风顺汇福气，
一鸣惊人积财气，
更赚得一发不可收拾！

在贵公司开业大吉之际，
作为您的开山朋友，
特祝福您开业吉祥，
生意火爆，财源滚滚，
订单多到接不完！

恭喜公司开张大吉，老朋友在这里祝您：
一马当先创佳绩，好事成双合心意，
三头六臂来做事，四平八稳生意路，
五湖四海交朋友，六六大顺福祉来，
七步之才扬天下，八仙过海显神通，
久负盛名得赞誉，十全十美真得意！

老兄，贵公司开业之际，您这里聚了很多气啊：
天上的祥云瑞气，祝福的鲜花香气，
顾客的一团和气，兄弟的一脉同气，
还有正在飘来的成功一鼓作气，
事业做大的回肠荡气，
白手起家的能扬眉吐气。

开张大吉，躬逢其盛。
祝您财源犹如春潮，财源滚滚；
财运犹如夏日，蒸蒸日上；
生意犹如丹枫迎秋，红红火火；
金钱犹如鹅毛大雪，日进斗金。
祝您春夏秋冬四季发财！

酒桌小百科

使用水杯时有哪些注意事项？

★ 水杯的作用是盛放清水、汽水、果汁、可乐等饮品，不要用来盛酒。

★ 不要将水杯倒扣。

★ 喝进嘴里的东西，不能再吐回水杯。

祝酒词

顺口溜

雄心创大业，壮志写春秋；

开张迎喜报，举步尽春光；

凌霄挥巨手，立地起高楼；

飞驰千里马，更上一层楼。

祝老朋友公司开业大吉，财源滚滚！

第十二章

朋友聚会祝酒词

01 幽默的祝酒佳句

人说冬雪如银、春雨如金，
祝您多捡银子、多赚钞票，
祝您四季发财、好运连连。
祝您好事喜事一桩桩，
工资奖金一张张，
祝福家人都安康！

岁月如歌，友情如酒，
今日举杯同饮，
愿你我情深似海，
岁月长流不息。
只要两人一条心，
黄土也能变成金。
来，干了这一斤！

我给大哥倒杯酒，
大哥不喝我不走，
大哥喝了我还有！
我祝愿您家庭和睦，事业通达，
日子过得犹如这杯红酒，红红火火、甜甜蜜蜜。

万丈红尘一杯酒，千秋大业一壶茶。
手中美酒不能放，喝完家庭事业更兴旺。
东北虎，西北狼，我是喝不过小姑娘。
人生难得几回醉，要喝就要喝到位。
一口茶，一口酒，祝您日子越过越富有。
一口酒，一口茶，祝您以后想啥就有啥。

祝您芝麻开花节节高，
一年更比一年好；
事业超越红塔山，
财源跨越太平洋。

祝词虽天天一样，
祝愿却天天不同，
只愿您天天快乐。
东风吹，战鼓擂，
福如东海，紫气东来，
酒倒福气到！

为您端上第一杯酒，
祝您不长年龄不长岁，
只长薪水和职位。
鸟语花香，喝酒成双，
今天您为王，赛过乾隆皇。
祝您名利双收，事业有成就！
三杯好，三杯妙，三杯吉星来高照，
问您发财要不要？喝了这杯酒就见效。
同时，我提议：大家共同干一杯吧，
有酒的端起酒杯，有茶的端起茶杯，
干杯！

酒桌小百科

使用牙签时有哪些注意事项？

★ 尽量不要当众剔牙。

★ 非要剔牙时，要用另一只手掩住嘴巴。

★ 剔出来的东西，不要再次入口，也不要随手乱弹，随口乱吐。

★ 剔牙后，不要长时间叼着牙签，更不要用它来扎取食物。

菜挺好，味挺棒，
祝愿大家的家庭、事业越来越兴旺。
心情好人还对，喝酒才能敞开胃；
酒不醉人人自醉，关键在于气氛对。
希望大家：
吃着人间美味，荣华富贵；
吃得满面红光，身体健康；
玩出水平花样，地久天长。

人生就像一出戏，演来演去不容易，
大家挣个辛苦钱，该休息时就休息。
我祝您轻松工作，开心生活！

我觉得您说得特别有道理。
就冲这句话，
今天我得再敬（碰、走、喝）您一个！
祝您的事业今天像啄木鸟一样舒展新翅，
明天像雄鹰一样鹏程万里。
愿您在未来的岁月中永远快乐、永远健康、永远幸福！

友情很珍贵，祝福要到位，
给您端杯舒心酒，愿您幸福的生活天天有：
工作不苦不累，平时能吃又能睡，
出入成双成对，事业进步不后退，
美满生活有滋有味！

我们相识好多年，聚在一起都是缘，
朋友不怕相识晚，就怕相识以后不发展，
要想以后多发展，喝酒必须要勇敢。

我给兄弟敬杯酒：
杯中酒，酒中情，杯杯都有真感情；
您一口，我一口，兄弟不喝嫌我丑；

您一杯，我一杯，喝完咱来接着吹。

朋友是天，朋友是地，
有了朋友才能顶天立地。
这杯酒不醉人，越喝越精神，干杯！

相识是缘，相遇是福，
一定是特别的缘分，
让你我能够在这里相遇，
品人间之美酒，享酒桌之美食。
纵观世间风云，这边风景独好。
我不求雨，也不求风，不求春夏和秋冬，
只求在座的各位朋友们，
未来都能成为亿万富翁！

酒是相聚的理由，
酒不醉人人自醉，只因今天气氛对！
承蒙时光不弃，感恩一路有您，
祝我们的友谊天长地久！
祝大家健康幸福，快乐到永久！

男人就像一棵树，一家老小要照顾，
不管干到啥职位，都是家里顶梁柱。
男人工作很辛苦，喝杯美酒补一补；

酒桌小百科

夹菜有哪些注意事项？

★ 入席后不要立刻动筷，应该等主人示意开席后才能开始。
★ 夹菜尽量使用公筷，动作要文雅，不要碰到邻座，不要和邻座争抢。
★ 等菜肴转到自己面前时再动筷子，不要把盘里的菜拨到桌上，不要把汤泼翻。
★ 不要在盘子里来回扒拉，不要只盯着自己喜欢的菜吃，一次夹菜不宜过多。
★ 掉在桌子上的菜，不要再吃。

男人工作都很累，喝杯美酒不疲惫。

一心一意敬杯酒，明天想啥啥都有。
朋友感情深不深，再来一杯加加温。
朋友一入座，美酒喝三个。
人生得意须尽欢，端起这杯咱就干。
这杯美酒到了位，各种才艺您都会。

祝在座的各位大哥：
龙兄虎弟手相连，
齐心协力赚大钱，
生意如同三江水，
事业如同锦上花。
愿您：工作顺心，薪水合心，
朋友知心，爱人同心，一切都顺心！

02 温情的祝酒佳句

即将远行，有太多不舍，太多牵挂，
就让我们再喝一杯酒吧！
来！让我们共同举杯，
祝大家身体健康、合家幸福，干杯！

朋友齐聚_____，坐看祥鱼跳龙门，
撒身几滴福禄水，笑迎彩头落满身。

花絮飘香，细雨寄情，
这花雨的季节，
绽放出无尽的希望，
衷心祝福您梦想成真。
祝各位生活美满，工作顺利，前程似锦！
各位请举杯共饮。

我们来对饮一杯友谊的甜酒，
在迎新的日子里，
互相祝福，互相鼓舞。
俗话说"英雄出少年"，
祝你年轻有为，学业有成，事业有成！

新的一年，我们信心百倍，
激情满怀。让我们携起手来，
去创造更加美好的未来！干杯！

福有家和万事兴，
福如春风入门来，
一堂和气才叫福，
我祝您家和万事幸福来。
您看这酒杯是圆的，酒是满的，
祝您家庭、事业都圆圆满满的。

送您一盘三种味道的"水果"：
一种是温馨甜蜜，
一种是快乐追随，
一种是平安祝福。

酒逢知己千杯少，
希望我们以后常聚、多聚，
让我们的情谊如细水，长流于心中。

酒桌小百科

餐桌上要怎样布菜和劝菜？

★ 给客人或长辈布菜，要使用公筷。

★ 可以把离客人或长辈远的菜送到他们跟前。

★ 每当端上来一个新菜的时候，请客人或长辈先动筷，以示尊敬和重视。

祝酒词

顺口溜

祝新年行大运！
仕途步步高升、万事胜意！
得心应手、财源广进！
身体棒、吃饭香、睡觉安，
合家幸福，恭喜发财！

家是避风的港湾，朋友是鼓风的海岸。
家遮挡了苦雨风霜，
朋友送来艳阳里一瓣心香。
无家透心凉，有友透心亮。

朋友朋友，我们相遇不容易，
您的情，您的意，温暖我心底。
让我们举杯恭祝大家：
身体健康，永远平安，永远幸福！

亲朋好友远方来，满堂声色添光彩。
今天的相聚，是为了明天的继续；
明天的继续，是为了后天的延续。
酒不到量情不深，酒不喝透心不真。
感谢朋友一路相陪，
愿我们常相聚，友情天长地久，
祝大家大吉大利，万事如意！

美酒是沟通的桥梁，朋友是一生的财富。
在此，我提议：
请各位朋友举起手中酒杯，共同干杯，
祝大家开心每一秒，快乐每一天，
幸福每一年，健康到永远！

酒肉穿肠过，朋友心中留。
人生之幸事，不过三五好友，

周末小聚，或推杯换盏，
针砭时弊，或斗智演戏，笑闹生趣。
俗话说，握一百次手，不如喝一杯酒。
多变的是天气，不变的是友情。
祝大家工作顺、生活甜，快乐幸福每一天。

平时大家都忙，走动得少，
今日难得相聚，
希望大家把这里当作自己家，
别客气，一定要吃好喝好。
这杯酒我敬大家。

劝君金屈卮，满酌不须辞。
花发多风雨，人生足别离。
好酒虽常有，知己不常有，
这杯酒祝我们几个弟兄青春常在，友谊长存！

亲爱的朋友们，
今晚我们欢聚一堂，共同举杯，
愿我们的友谊如这美酒般醇厚，
岁月无法冲淡它的味道。
祝大家身体健康，事业有成，
家庭幸福！干杯！

酒桌小百科

为何敬酒要敬三杯？

古代，人们认为"三"是一个很吉祥的数字，代表着团圆和美满。所以，敬酒三杯，代表的是吉祥如意的祝福，预示事事顺利。

这三杯酒也是有讲究的：第一杯是敬主人家能够盛情款待，这也是从古至今的敬酒顺序；第二杯就是别人给你的回敬酒；第三杯酒，就是敬大家的一杯酒。喝了三杯酒，大家其乐融融。

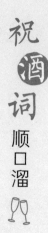

祝酒词 顺口溜

今天很高兴，
能跟大家相聚在这么一个春风沉醉的晚上／
热情似火的夏夜／秋风习习的夜晚／橙黄橘绿的日子。
俗话说"物以类聚，人以群分"，
是共同的志向、爱好、兴趣，
让我们这些本不是一家的人走进了一家的门。
为了新朋友的相知相识，为了新家庭的更亲更爱，
我提议咱都举起杯子。
第一杯，是庆贺：
庆贺我们的目成心许，庆贺我们的一见钟情，庆贺我们的相识恨晚。
第二杯，是祝愿：
祝愿在座各位，经商的金玉满堂，从政的青云直上，搞学问的经天纬地。
第三杯，是期盼：
期盼以后的日子里，咱们开心一起过，伤心一同担，有情饮水饱，好
酒一起喝。

人和人相遇，靠的是一点缘分；
人和人相处，靠的是一份诚意；
人和人相爱，靠的是一颗真心。
正因为人世间每段缘分都来之不易，
我希望我们永远是朋友！

锦上添花是哥们儿，雪中送炭是朋友，
有福同享、有难同当是兄弟，
心有灵犀一点通的是知己。
一生知己不多，您就是我的知己。

能在亿万人之中与你们相知、相遇，
成为情谊深厚的好友，是我的幸运。
希望不论我们以后的人生轨迹如何变动，
还是能像这个周末一样，相约小酌，谈笑风月。

初遇您的心情是温馨的，

和您交友的时候是真心的，
与您在一起的时候是开心的，
认识您这个朋友是无怨无悔的。

风雨的街头，招牌能挂多久？
爱过的老歌，您能记得几首？
别忘了有像我这样的一位朋友，
永远祝福您！

相逢就是缘，一丝真情抵万金。
举杯时，我总能回想起我们曾经一起度过的日子。
希望我们以后的日子也能顺利又精彩，祝我们的友谊长存！

水流千里归大海，人走千里友谊在，
大树之间根连根，朋友之间心连心。
花为牡丹最美丽，人为朋友最亲密，
交友不交金和银，只交朋友一颗心。
金银不一定是一生的朋友，
但朋友是一生最大的财富！
我祝您拥有：
一心一意的爱人，一生一世的追求，
一呼百应的朋友，一本万利的生意，
年轻的心更年轻，成功事业往上升！

酒桌小百科

倒酒的顺序早知道

倒酒时，应该先向长辈或者重要宾客倒酒，具体顺序是：先给主宾、长者、领导倒酒。倒酒时一定要考虑到大家年龄大小、职位高低、宾主身份的先后顺序，分明主次。

然后，按照"以右为尊"的规矩，从主人右侧的客人开始，最后才轮到自己。

最后，给大家续酒时，如果有人酒杯空了，就按照就近的原则及时帮对方续杯。

祝酒词

顺口溜

一年欢笑一年风雨，
这一年无论是阳光普照还是暴风骤雨，
就让这杯酒，释放那些感慨；
这一年无论是得意东山还是失意荆州，
就让这杯酒，化解那些情怀；
这一年无论是掌声雷动还是踽踽独行，
就让这杯酒，盛满对未来的祝福与希望。
让我们干杯！

我们好友相聚，
不谈身后的烦恼，
只拥抱眼前的快乐，
让我们一起度过难忘的周末。

今天我们相聚在一起，
让我们丢掉身上的职位，忘记人生的成败，
只是如往年一样，靠在一起为友情畅饮，为将来举杯。

朋友的酒越喝越有，
朋友的情谊天长地久，
老友老酒长相守，
祝在座的各位，财富人人都有，
也祝大家的生活越过越兴旺！

第十三章

家庭亲属聚会祝酒词

01 敬长辈的祝酒佳句

_____，您气色真好，看上去真有精神。
我还记得小时候，您对我特别好，
总是带着我跑出去玩这玩那。
您总是给我买很多零食，还总是抱着我，
现在想起来还真是怀念。
来，这杯酒我敬您，
祝您身体健康，万事如意！

_____，您这手艺还是这么好！
小时候，我就最爱吃您做的菜，
希望每年这个时候都能吃上一口。
在这里，我祝您合家团圆，万事如意！

尊敬的_____，感谢您一直以来的关怀和教诲。
今天相聚在这里，我为您的健康和幸福献上最诚挚的祝愿。
愿您如这杯美酒般，越陈越香，
永远年轻、快乐！

亲爱的长辈们，我以最诚挚的心向你们敬上这杯酒，
愿你们的笑容永驻，健康常伴；
愿岁月温柔以待，幸福与你们同行。
是你们的辛勤付出和无私关怀，让我过上幸福的生活。
愿我们永远家庭和睦、幸福，共享天伦之乐！

敬酒一杯，祝福满怀，
感谢长辈们的辛勤付出和无私关怀，
愿你们身体健康，幸福安康，
天天开心，事事顺心，

事业顺利，家庭和睦。

感恩有你们的陪伴与教诲，

祝你们岁岁平安，年年如意！

在这欢聚一堂的美好时刻，

我谨代表晚辈向尊敬的长辈们献上最诚挚的祝福：

愿你们的生活如这佳酿，越陈越香；

愿你们的心情如这美酒，越久越醇。

在这美好的时刻，祝你们身体健康，福寿双全，天天开心，岁岁平安！

祝福您，我亲爱的_____。

愿您的生活如美酒般醇厚，岁月无法抹去它的芬芳；

愿您的身体如青松般健壮，风雨不能动摇它的坚韧。

我为您举杯，愿幸福与健康永远伴随您左右。

一壶浊酒喜相逢，共话桑麻情更浓。

敬爱的_____，您是我人生路上的明灯，照亮我前行的道路。

在这欢聚的时刻，敬一杯美酒，

祝您身体健康，笑口常开，福寿双全，喜乐无边，

愿您岁月静好，幸福安康，笑容永驻。

亲爱的长辈们，

让我们共同举杯，为你们的健康、长寿干杯！

愿你们岁岁平安如意，笑口常开，福寿双全！

同时，也祝大家在新的一年里万事顺遂，心想事成！

祝酒词 顺口溜

第十三章 家庭亲属聚会祝酒词

酒桌小百科

为什么说不能用筷子敲碗？

因为我们敲击出来的声音，在别人听来是噪音，会影响同桌人的食欲。而且，在有些地区，这种敲碗的动作是乞讨者才会做的，容易遭到大家的嘲笑。

一杯清茶敬长辈，
岁月沉淀感恩心。
春风化雨润桃李，
福泽绵长传子孙。
愿您常保健康体，
笑口常开乐无边！

02　敬兄弟姐妹的祝酒佳句

姐弟两人同长大，调皮捣蛋没个完，
为块红薯抢没完，大了才知情意浓，
如今离得虽然远，敬杯水酒送祝愿。
祝姐姐快乐无忧愁，幸福无尽头！

我们一起长大，我们一起玩耍，
我们一个锅里吃饭，我们有一个共同的家。
我们共同赡养父母，一起让孝敬传为一段佳话。
我的好兄弟们，有了你们，我有困难时不再孤单；
我的好兄弟们，有了你们，父母有病时我不再害怕。
好兄弟，送给你们最美、最无言的祝福，
让我们永远如手如足，心心相连！

姐妹真情意，有缘不容易，
同是一母生，心灵互相通，
美酒传递爱，愿你快乐在，
天天心情好，好运围你绕，
健康到永远，幸福乐无边。

我们是一奶同胞的姊妹，
血浓于水的亲情，一生相助的亲人。
真心的祝福送给你，
健康的体魄缠着你，

成功的事业围着你，
幸福的生活伴着你，
快乐的日子恋着你。
妹妹，祝福你一切安好！

家人闲坐，灯火可亲，桌上美食，团团圆圆，
这便是人间最美好的光景。
祝愿在座的兄弟姐妹幸福美满，
三餐四季，温暖有趣，平安喜乐。

今天很开心，咱们这么多兄弟姐妹都到了。
平常大家都挺忙的，没有时间好好聚聚，
今天大家好不容易聚到一起了，
咱们就敞开了吃，敞开了喝！
谁也别客气啊！

兄弟姐妹情深似海，举杯同庆乐无边。
愿我们常相聚首，共话家常，不离不弃。
在这特殊的时刻，
祝愿大家身体健康，事业有成，
家庭幸福，万事如意！

兄弟姐妹共聚一堂，举杯同庆情意长。
愿你们的生活如这美酒，越陈越香；
愿我们的亲情如这佳肴，越品越浓。

酒桌小百科

嘴里有异物时怎么办？

★嘴里有骨头和鱼刺时，不要直接吐在桌子上，可以用餐巾遮挡住嘴巴，用筷子取出来放在碟子里。

★感觉吃到沙子或其他异物，可以把它们吐到纸巾里，再团成一团后放在靠近自己的桌边，也可以离开餐桌，去洗手间吐掉。

干杯，为我们的相聚和未来的欢笑干杯！

爱情会将你欺骗，朋友会将你背叛，
只有家庭是你避风的港湾。
兄弟姐妹是你永远的后援团，
不管分离多久，走得再远，
我们应彼此依偎到永远。
祝兄弟姐妹快乐度过每一天！

兄弟姐妹情意深，世间真情最最真，
血脉相连心连心，咫尺天涯亲情亲，
深情祝福表达爱，生活顺利幸福在，
身体康健到永远，开心快乐每一天。

兄弟就是这个样，
福分不愿共同享，
苦难必定一同当，
血缘注定心相通，
走遍天涯常牵挂。
亲爱的兄弟，你们还好吗？
祝愿你们身体健康，万事顺意！

曾经在你的碗里抢过肉，
曾经在你的水里掺过酒，
曾经拽着你的衣角小声哼哼，
那么多的曾经数不清，
最难数的是兄妹亲情。
愿哥哥幸福、快乐、安康！

我的兄弟姐妹：
亲情是可贵的，因为我们有共同的父母，他们养育了我们。
我们应该好好照顾他们，同时我们之间也要互相关心、互相帮助，
共同建设我们各自的家园，不辜负父母对我们的殷切希望。

我们要团结起来，让父母放心！
希望大家的亲情不断，永远相亲相爱一家人！

鲜花配佳人，美女配英雄，
世间真情在，真心最珍贵。
你我是兄弟，你我是姐妹，
血缘贵于金，亲情胜万物。

命运把我们拴在一起，骨肉难分；
苦难把兄弟之情细细打磨，光亮坚固；
快乐让我们一起开心，荣辱与共。
愿我们的血脉情意天长地久，祝福哥哥快乐永久！

一棵树儿分几杈，一枝一杈一朵花，
兄弟姐妹分散远，永远同根望着家。
一个锅里育深情，同样爹妈同个家，
天各一方情更浓，祝福声声传各家。
兄弟同心齐发展，装点人生一树花。
祝兄弟姐妹前程似锦！

兄弟不一定亲亲密密，但一定知心知意；
不一定朝朝暮暮，但一定心心相惜；
不一定锦上添花，但一定互相给力。
祝福亲爱的兄弟，幸福至尊，快乐无敌！

酒桌小百科

不同的酒倒多少合适？

★ 果酒入杯一般是 1/3；

★ 冰水入杯一般为半杯水加入适量的冰块，不加冰块应斟满水杯的 3/4；

★ 香槟酒入杯，应先斟到 1/3，等酒中泡沫消退，再往杯中继续斟至七分满即可。

山不在高，有兄弟的情意在心间；
水不在深，有兄弟陪伴情最真。
弟弟，你在外面还好吗？过得怎么样啊？
祝你和弟妹幸福快乐，身体健康！

情同手足不相忘，泪流满面泪千行，
各奔东西挣钱忙，开开心心伺爹娘。
兄弟身在异乡地，愿弟称心又如意，
财源滚滚都找你，幸福健康无人抵。

平时工作忙忙碌碌，思念浓浓化作祝福，
杯杯美酒传递爱意，姐妹情深永不离弃，
手足之情血脉相连，愿你幸福快乐永远，
身体健康一生平安！

时间让我们兄妹分离，
它分开的只是我们的人，
但是它却分不开我们那血浓于水的情。
哥哥，祝你开心幸福，身体健康！

别人总说有个哥哥多好，可以做自己永远的靠山。
我想说，我不需要一个哥哥，
因为我有一个心疼我、爱护我、帮助我的好姐姐！
姐姐，我爱你，请接受我最深的祝福！

你是风，我是雨，风风雨雨度春秋；
你是电，我是雷，电闪雷鸣闯江湖。
哥，我们风雨同舟，患难与共，摸爬滚打，一路走来。
现在，我们兄弟俩都过上了平静安定的生活，
今天，小弟诚祝哥哥事业蒸蒸日上，家庭幸福安康！

第十四章

同学、战友聚会祝酒词

01 敬同学的祝酒佳句

既是知心友，喝杯知心酒。
我们从学校出发，
在社会上经历了风风雨雨，
也结交了形形色色的人，
但最难以忘记的还是老同学之间的情谊，
祝我们的友谊能够地久天长！

_____，你的变化可真大，我差点都认不出来你了。
我记得以前上学的时候，我们经常一起上课，
一起写作业，一起逃课去操场玩。
这些我到现在还记得一清二楚。
来，这杯酒我敬你，祝你一切顺顺利利，开开心心！

时间可以增加我们的年岁，
可以改变我们的容貌，
但却改变不了我们之间的同学情谊。
如今我们难得再续前缘，
愿我们下一个_____年能够再次相见。

同学们，今儿咱好不容易聚一次，一句话：
两条腿走进来，四条腿爬出去。
我领酒了啊，给大家来点酸词儿：
第一杯，敬咱睡在上铺的兄弟。
谁失恋大声哭泣，谁喝晕吐了一地，
谁翻墙上网打游戏，谁睡觉爱磨牙放屁。
都谁，给我举起手来！
没举手的喝一杯，举手的喝两杯啊！
第二杯，敬咱白衣飘飘的年代。

她晚上跟你一起绕操场跑步，
她陪你看通宵电影夜不归宿，
她看你打球给你擦掉流下的汗珠，
她陪你上晚自习让别人眼红吃醋，
她在散伙饭上跟你碰了最后一杯酒后号啕大哭。
弟兄们别想了，人家孩子都俩了！喝酒吧！
第三杯，敬咱一生有你的岁月。
那会儿你甩着长发耍帅装酷，现在你脑满肠肥黄油满肚；
那会儿你眼神铿锵从不踌躇，现在你一脸奸相看着可恶；
那会儿你出去聚餐捉襟见肘，生活费都顾不住，
现在居有屋、行有车，满桌山珍海味你也不屑一顾。
咱们脑袋都变圆了，腰都变粗了，
唯一不变的是这一辈子随时召之即来、喝之不去的友情。

各位同学，大家好久不见！
在曾经那段美好的青春岁月里，
我们一路同行，留下太多太多美好的回忆，
还有很多属于我们的故事。
我们总说毕业遥遥无期，但是转眼就各奔东西。
我们现在在各自的工作岗位上发光发热，
真的没有太多的时间可以聚在一起。
今天能够看到你们，
我真的特别特别开心，我也衷心地希望，
从今往后我们同学之间要多交流。

酒桌小百科

白酒、红酒和啤酒要怎么倒才合适？

★ 倒白酒时要看被敬酒人的态度，不要强行倒满。酒量应该控制在 50 毫升到 65 毫升之间。

★ 倒红酒时，更不能倒满，只能倒 1/3。一般来说应该在 100 毫升到 150 毫升之间。

★ 啤酒可以倒满，以显示主人的热情好客，但尽量不要将泡沫溢出来。

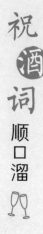

祝酒词 顺口溜

在这里，我祝福同学们，
祝愿大家事业蒸蒸日上！干杯！

_____年前，我们怀着一样的梦想和憧憬，
怀着满腔的热血和激情，从全国各地相识相聚在_____。
我们学习在一起，吃住在一起，
生活在一个温暖的大家庭里，
度过了人生最纯洁、最浪漫的时光。
时光荏苒，日月如梭，从毕业那天起，
转眼间_____个春秋过去了。
当年_____岁的青少年，而今步入了为人父、为人母的中年人行列。
_____年的时光，足以让人体味人生百味。
在我们中间，有的事业有成，有的家庭幸福……
但无论人生浮沉与贫富贵贱如何变化，
同学间的友情始终是纯朴真挚的，
而且就像我们桌上的美酒一样，越久就越香浓。
让我们为同学间纯朴真挚的友谊干杯！
为地久天长的友谊干杯！

曾经我们在学校里年少轻狂，
也设想过多年后相聚的场面，
如今我们相隔_____年再重逢，
内心也是感慨万千，
希望我们的同窗情谊能够一直延续下去。

一日同学，百日朋友，
那是割不断的情，那是分不开的缘。
在短暂的聚会就要结束的时候，
祝同学们家庭幸福，身体安康，事业发达！
只要我们心不老，青春友情就像钻石一样恒久远。

老同学们，时光荏苒，岁月如梭，
今日重逢，感慨万千。

一辈同学，三辈亲，喝酒一定要认真。
让我们一起举杯，为过去的日子干杯，
也为未来的生活干杯。
祝大家身体健康，事业有成，家庭幸福！

亲爱的同学们，多年未见，
再次聚首，倍感亲切。
愿我们的情谊如同这杯酒一样，越陈越香。
祝大家前程似锦，事事顺心！

亲爱的同学们，我们有割不断的情，分不开的缘。
我们的友情来自心灵，无论时间与空间如何变化，
那份纯真的感情永远都在。
有的同学已经着急喝酒了，我也就不再说什么了。
最后祝今天到场的和没有到场的同学们身体健康，心情舒畅，万事
如意！
祝在座的和没有在座的同学们丰衣足食，幸福美满，合家欢乐！
万语千言藏心底，唯举金樽干一杯。
请大家共同举杯，为我们今天的相聚，干杯！谢谢大家！

转眼间，我们走过了_____个春夏秋冬，
今天我们实现了分手时的约定，又重聚在一起，
共同回味当年的书生意气、_____年来的酸甜苦辣，真是让我感受
至深：
首先是非常感动。这次同学会想不到有这么多的同学参加，

酒桌小百科

给别人倒酒时要注意什么？

★ 倒酒的姿势要自然、大方、得体，切忌过于做作或夸张。
★ 倒酒时酒杯要放在桌上，用右手握住酒瓶，左手托住瓶底，将酒倒入杯中。
★ 倒酒时拿酒瓶的手要手背向上。反手倒酒没有礼貌。
★ 倒酒时不要将瓶口对准别人或自己的脸。

祝酒词 顺口溜

大家平时工作都很忙，事情也很多，
但都放下了，能够来的尽量都来了，
这就说明大家彼此还没有忘记，
心中依然怀着对老同学的一片深情，
仍然还在相互思念和牵挂。
亲爱的同学们，让我们敞开心扉，吐露心声，
分享喜悦，宣泄烦恼，
寻觅知音，发现机会，
促进合作，共同发展。
现在让我们共同举杯：为了同学情谊，
为了今天的相聚和明天的再次相聚，
更为了永不间断的友谊，干杯！

_____年可以改变容颜，但却无法改变情意；
_____年可以拉远距离，但却无法改变心情；
_____年可以更新一切，但却无法改变你我。
此时此地，我们相聚是因为曾经的离别，
希望大家都能找回曾经的自己。
让我们共同欢聚吧！

同学一别数十载，今日聚会分外亲，
不论富贵与贫寒，举杯同饮情最真，
追忆往事论当今，欢声笑语惹人醉，
灯光杯影映笑脸，青春时光又重回，
不知不觉夜已深，开怀畅饮无醉人，
慨叹时光匆匆过，人生能有几回醉，
一辈同学三辈亲，同窗友情别样深，
声声祝福声声情，友谊万岁万万岁！

毕业_____周年，老师同学聚会，好开心呀！
怀念我们的青葱岁月，祝福我们越来越好！
聚不是开始，散也不是结束，
同窗数载凝聚的无数美好瞬间，

将永远铭刻在我的记忆之中。
为我们今天的重逢，干杯！

一壶浊酒喜相逢，同窗情谊永难忘，
岁月匆匆人易散，珍惜当下共欢畅，
祝君前程似锦绣，步步高升展宏图。

02　敬聚会组织者的祝酒佳句

非常感谢老班长组织这次活动。
转眼就_____年了，能聚在一起太不容易了。
我敬大家一杯，
祝大家身体健康、工作顺利、事业有成！

非常感谢_____同学组织这次聚会！
这么多年过去了，好多同学毕业后就再没见过。
咱们_____班，聚是一团火，散是满天星，
希望各位同学都能越来越好！

感谢组织聚会的同学，
要不是你们把大家召集起来，
我们很难再次相聚在一起。
谢谢你们给大家创造了一个难忘的回忆，
让我们重温青春的美好，
建立起了更加深厚的友谊。

酒桌小百科

别人给自己倒酒时要注意什么？

★ 别人为自己倒酒时，要用单手扶住杯子，或者用一只手的食指和中指微屈，轻叩桌面以示谢意。

★ 切记不可不理会敬酒者，不能表现出傲慢无礼的态度。

谢谢你们的细心安排和周到服务，
让我们度过了一段难忘的时光。

这次同学聚会真的非常棒，
我想感谢组织者的辛勤付出。
谢谢你们为同学重逢提供了这次难得的机会。
这场同学聚会如此精彩纷呈，
离不开你们付出的时间和精力。
你们还给大家创造了一个美好的聚会氛围，
让大家共叙友谊之情。感谢你们！
我期待着未来的聚会，也希望我们能一直保持联系。
祝愿你们生活幸福，事事顺利！

03　敬老师的祝酒佳句

我们欢聚一堂，庆贺恩师健康长寿，
畅谈离情别绪，互勉事业腾飞。
这段美好的时光，
将永远留在我们的记忆里。
第一杯酒，感谢老师恩深情重；
第二杯酒，祝福老师万事如意；
第三杯酒，祝愿老师身体健康！

我们首先要感谢_____老师。
所谓"一日为师，终身为师"，
_____老师不但给予我们知识，
而且教会我们如何做人。
为感谢_____老师，请大家热烈鼓掌，
并齐声呼喊："老师好！"

前途漫漫，岁月悠悠，
是老师给了我们远航的桨，

是老师的辛勤耕耘给我们以翱翔的能量！

母校的培养和教育使我们终身受益，师恩难忘。

在此，我提议大家以热烈的掌声向我们的老师表示深深的谢意！

老师是我们人生路上的铺路人。

亲爱的老师，您是那春天的细雨，滋润着我们成长，

您的教育和培养，给了我们不断战胜困难的勇气和力量。

_____年过去，往日那青春焕发的您，今天已两鬓斑白。

那饱经风霜的面孔，记录着您为教育事业所付出的艰辛。

教书育人，您无私奉献，无怨无悔。

春蚕到死丝方尽，蜡炬成灰泪始干，

您像蜡烛，燃烧了自己，照亮了我们。

您是我们心中最可爱的人，

您的培养教育之恩，我们永远不能忘怀！

04 敬战友的祝酒佳句

忆往昔岁月，我们保家卫国守军纪；

看今朝年华，我们各处腾飞谋发展。

今日举杯相邀，祝各位战友前程似锦！

我们曾经都是并肩作战的战友，

那些峥嵘岁月在我的记忆深处难以磨灭。

希望我们能珍惜战友情，

酒桌小百科

碰杯要碰哪里？

★ 喝白酒时，碰杯通常是碰杯沿，以低过对方为敬。

★ 喝啤酒时，杯壁比较厚，就不用拘束于某个部位，轻松随意为好。

★ 喝葡萄酒时，杯沿是酒杯最薄的地方，容易破碎，碰杯要碰杯肚。

★ 当离对方比较远时，可以用酒杯杯底轻碰桌面，以表示和对方碰杯。

祝酒词

顺口溜

🥂

不忘兄弟情，保持初心，
永远热烈向前进！

我们曾经一同穿过军装，一同经历过磨炼，
虽然现在都在各自的领域继续发光发热，
但战友永远是战友，我们之间的情谊永不会变！

今天我们从天南海北而来，相聚在此，
一声声"老战友"饱含了我们的战友情。
祝各位战友未来更美好，情谊更久远！

看到战友们重新聚在一起，
那些朝夕相处的军队生活好像又重现眼前：
训练场上，我们增长能力；
林荫路上，我们互诉衷肠；
比拼场上，我们大展身手。
让我们为那些挥洒汗水的日子举杯，
铭记属于我们的岁月！

今天将百忙之中的大家聚到一块，我的心情非常激动。
回望军旅，朝夕相处，苦乐与共。
如今，由于我们各自忙于工作，劳于家事，相互间联系少了，
但绿色军营结成的友情始终在我们心中。
今天，我们聚在这里，畅叙友情。
最后，我提议，让我们举杯，为我们的相聚快乐，
为我们的家庭幸福，为我们的友谊长存，干杯！

同志们，让我们的战友之情像四季碧绿的松柏，
永远不凋零。
水越流越浅，情越久越深，
世间沧桑越流越淡，战友情谊越久越浓。
也许岁月将往事褪色，也许空间将彼此隔离，
永远值得珍惜的依然是战友情谊。

弟兄们，"战友战友，开怀喝酒"，
杯杯美酒显豪放，句句话语动深情。

战友是灯，帮你驱散寂寞，照亮期盼；
战友是茶，帮你滤去浮躁，储存宁静；
战友是水，帮你滋润一时，保鲜一世；
战友是泪，帮你冲淡苦涩，挂满甜蜜。

回望军旅，朝夕相处的美好时光怎能忘？
苦乐与共的峥嵘岁月，凝结了你我情深意厚的战友之情。
训练场上，我们大显身手，
熠熠闪光的军功章，记录着我们长大的青春，
这一切是我们永生难忘的回忆。
杨柳依依，我们相拥告别，迈着成熟的步伐，带着期待，
走上了不同的工作岗位。
今天，我们从天南海北、四面八方相聚到这里，
欢聚一堂，畅叙往情，这种快乐将让大家铭记一生。
我想，通过这次战友聚会，
一定会绽放出一个更加灿烂的明天和辉煌的未来！

＿＿＿＿年悠悠岁月，弹指一挥间，
真挚的友情，紧紧相连。
绿色军营洒下的美好，结成的友情，
没有随风而去，已沉淀为酒，

酒桌小百科

主人、主宾、陪客敬酒的顺序是怎样的？

★ 主人敬主宾。
★ 陪客敬主宾。
★ 主宾回敬。
★ 陪客互敬。
★ 作客时敬酒，不能喧宾夺主，否则既不礼貌，也是对主人的不尊重。

每每启封，总是回味无穷。
最后，我提议为我们经久不散的友谊干杯！

亲爱的战友们：
人生是短暂的，
当兵的时光是我们友谊的基石，
今日的相聚是我们友谊的平台。
感谢生活，给予我们绿色的记忆；
感谢战友，陪我们风雨兼程！
无论天南地北，无论为官还是下海，
难忘的还是战友情。
相逢时难别亦难，在今天这个场合，
我有多少话语要对战友说，有多少歌儿要对战友唱⋯⋯
通过今天的联谊会，我们的友谊必将更加稳固，
我们的生活必将更加充满阳光。

花开花落＿＿＿＿年，风风雨雨＿＿＿＿年，沧海桑田＿＿＿＿年。
亲爱的战友们，经历了成功的喜悦，品尝过失败的痛苦，
我们都已人到中年。
奔波忙碌之后，夜深人静之时，说句心里话，真的好想你们。
亲爱的战友们，回忆过去，展望未来，
值得自豪的是，我们都有当兵的历史。
一次次短暂相聚，说不尽战友情谊。
让我们倍加珍惜这难得的团圆盛会，互通有无，举杯共祝：
老朋友岂能相忘？战友情地久天长。干杯！

05 敬老乡的祝酒佳句

江离不开海，海离不开江，
最亲不过是老乡。
老乡见老乡，喝酒要喝光；
老乡见老乡，喝酒要喝双。

老乡见老乡，敬酒要敬双。

兄弟情深，喝酒平分；
兄弟情厚，两杯不够。
你是哥我是弟，你说咋的就咋的；
我是弟你是哥，你说咋喝就咋喝。
三两美酒一下肚，保你潇洒有风度；
一斤美酒到了胃，各种才艺你都会。

今天美酒敬老乡，杯里装满幸福和吉祥：
一敬，喝杯美酒送吉祥；
二敬，喝杯美酒送健康；
三敬，喝杯美酒幸福万年长！

在这个陌生的城市，陌生的人群里，
我们凭着最纯真、最朴实、最原始的乡情会聚在一起。
让我们一起回到过去，
回到那个我们曾经生活的乡村，
"乡音未改，乡情常在"。
在这个特别的日子里，
让我们共同分享欢乐和温馨。

我们带着浓浓的乡音和乡情欢聚在一起，
彼此之间互相帮助、互相依靠。
同乡之情是联结你我之间的纽带，
希望我们能长久地将这份情谊延续下去。

酒桌小百科

敬酒时自己要喝多少酒才合适？

★ 敬别人时，如果不碰杯，自己喝多少可以视情况而定，比如对方的酒量、对方喝酒的态度，但不可以比对方喝得少。

★ 敬别人时，如果碰杯，要说一句"我干了，你随意"，这样才显得大度。

祝酒词顺口溜

同学、战友聚会祝酒词

第十四章

我们对故乡都有着深厚的感情，
我真诚地希望老乡们不论身在何处，
从事什么工作，
都要为家乡添彩，为家乡争光。

老乡见老乡，两眼泪汪汪，
感情深似海，不到夜更央。
愿你没有累和愁，天天高歌唱。
祝愿老乡体又健，家庭幸福乐，生活甜如蜜；
祝愿老乡事业发达，财源滚滚进家门。

首先，对各位老乡的到来，我表示衷心的感谢。
今天是个吉祥喜庆的日子，是洋溢着浓浓乡情的好日子。
我们共同期盼酝酿已久的_____同乡聚会在今天终于实现了。
下面，我提议举三杯酒：
第一杯是缘分的酒。
在座各位都是来自_____热土的精英，
我们同是来自故乡的儿女。
今天见到大家真是有找到根的感觉，
有找到归属的温暖，有一种见到家乡亲人的激动。
所以缘分的酒一定要喝。
第二杯是期望的酒。
血浓于水，乡情重，重如山，
俗话说"一个篱笆三个桩，一个好汉三个帮"，
衷心期望各位兄弟以后多聚会、多联系。
我们同在一个城市，要互相提携，互相帮助，
各施所长，相得益彰，赢得更辉煌的人生。
第三杯是祝福的酒。
祝福我们家乡的父老乡亲不断告别贫困，走向富裕繁荣；
祝福所有在座的和没在座的老乡、兄弟们，
事业有成，家庭幸福，身体健康，万事如意！
下面，提议大家共同举杯，干杯！

同根同源，亲情永牵。

凭借咱＿＿＿＿＿人特有的勤勉和智慧，

凭借我们的韧劲和不服输的精神，

只要我们脚踏实地，开拓进取，

一定能够在新的一年里创造新的辉煌。

让我们携起手，共同把事业开拓；

让我们心连心，让故乡之外有故乡。

今天，让我们共同播撒友谊的种子；

明天，幸福的花朵必将迎风绽放。

最后，让我们全场老乡伸出自己右手的大拇指，

为了我们明天的幸福和辉煌，

大声地说一句："我是最棒的！"

虽然我们相见很难，

但我相信，只要我们再次相聚，

就算是三杯两盏清茶，

也能让我们的老乡情变得更加坚固。

华灯璀璨，美酒飘香。

在这个完美的夜晚，

大家带着对故土的深深眷恋和切切深情，

酒桌小百科

受斟有"礼"

斟酒要有礼，受斟同样也要注意不能失礼。

如果是晚辈为你斟酒，可以向其回敬"叩指礼"。具体方法是：把食指中指并在一起，指头在桌上轻轻叩几下，以表示对斟酒人的感谢。

如果是领导、贵客为你斟酒，一定记得不可坐在座位上一动不动，那样会显得没有礼貌，要起身微微弯腰托起酒杯。斟酒结束后应点头表示对斟酒人的感谢和尊重，然后放下酒杯再落座。

祝酒词

顺口溜

相聚一堂，共叙心曲。

参天之树，必有其根；

怀山之水，必有其源。

各位虽身居异地，却时刻惦记着家乡、祝福着家乡，

家乡更因你们的鼎力支持越加富裕安康。

今晚，同一片乡土拉近了我们，使那里成了家的世界、情的海洋；

今晚，同一句乡音融合了我们，使那里欢声阵阵、亲情荡漾；

今晚，同一份乡情凝聚了我们，使那里活力飞跃、豪情万丈。

在此，我祝愿我们的家乡能够腾飞，在座的你们能够发达！

因为同一方水土养育了我们，所以在座的我们有缘成了老乡。

我们彼此之间都成了互相信任、互相依靠、互相帮助的朋友。

水是家乡美，月是故乡明。游子千里梦，依依桑梓情。

故乡养育了我们，对故乡我们都有着一种特殊的感情。

虽然我们都在_____工作，但平时见面较少，

利用同乡会的机会，见见面，叙叙旧，老乡感情也就加深了。

老乡们、朋友们，亲情和友谊凝聚着我们，

让我们团结一心、同舟共济，相信我们的明天会更好。

最后，祝各位老乡身体健康、工作顺利、万事如意！

第十五章

传统节日祝酒词

01 元旦的祝酒佳句

在这新年佳节之际，
愿大家福星高照，事业顺利！
如古人所言"长风破浪会有时，直挂云帆济沧海"，
愿各位在新的一年里，扬帆起航，驶向更美好的明天。
愿诸君安康，事事如意，笑口常开，好运连连。
让我们共同举杯，为新的一年干杯！

在这辞旧迎新的时刻，让我们共同举杯，
为新的一年祝福：
愿诸君在新的一年里，
事业更上一层楼，家庭幸福美满，
身体健康，万事如意！
古人说："愿得长如此，年年物候新。"
让我们共同迎接_____年的到来，
祝愿大家元旦快乐，新年新气象！

元旦之夜，华灯初上，举杯共饮，祝愿诸君：
一愿家人安康，笑语常在，如苏轼所言："但愿人长久，千里共婵娟。"
二愿工作顺利，事业有成，如杜甫的名句："会当凌绝顶，一览众山小。"
三愿新岁平安，万事如意，让我们共同铭记那句美好的祝愿："年年岁岁花相似，岁岁年年人不同。"
在这美好时刻，让我们心怀感激，手挽酒杯，
为_____年的崭新篇章，为家人、朋友的幸福安康，干杯！

手捧酒杯心中美，亲人团聚喜盈门。
美酒千杯不会醉，幸福生活惹人醉。
亲人身体都康健，朋友围绕笑盈盈。
美景真情入眼帘，喜悦开心说不完。

祝您元旦行好运，吉祥如意事事顺！

一杯敬过往，二杯敬明天，
三杯敬你我，四杯敬团圆。
新年之际，让我们一起举杯，
为过去的一年干杯，也为新的一年干杯。
祝大家新年快乐，万事如意！

万事始于一，万物归于一。
在_____年元旦到来之际，
给您送上四个一，祝愿您在新的一年里：
家中的财富一望无际，
爱人的真心一心一意，
辉煌的事业一马当先，
无限的幸福一生一世！

年尾年尾，快乐将您追随；
年头年头，好事刚刚开头；
元旦元旦，烦恼统统滚蛋；
新年新年，人生气象万千；
祝福祝福，祝您合家幸福。
元旦快乐！

元旦将至，提"钱"祝您"鑫"年快乐，
愿你跑步"钱"进，勇往直"钱"，
"钱"程似锦，郎"财"女貌，

酒桌小百科

什么时候适合给领导或长辈敬酒？

★ 在领导或长辈发言或致辞时，不应该打断他们的讲话去敬酒。

★ 想要给领导或长辈敬酒，可以等他们发言或致辞结束后，再过去适当地敬酒表达自己的感激之情。

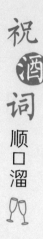

一表人"财"，"富"如东海，
洪"富"齐天！

家庭顺，事业顺，诸事一帆风顺；
工作顺，前程顺，明天一顺百顺；
进展顺，天地顺，祖国风调雨顺；
生活顺，时时顺，新年一切皆顺！

我要您你最真心的祝福：
愿好运像阳光一样普照着您，
健康像茶水一样滋润着您，
幸福像红酒一样陶醉着您，
生活像鲜花一样微醺着您。
愿您在新的一年里好事多多，笑声不断！

_____即将散场，_____扬帆远航，
新年必有新的气象，
新春定能万事吉祥，
烦恼忧愁远走他乡，
幸福好运相伴身旁。
元旦快乐！

02　春节的祝酒佳句

花好月圆风雨顺，良辰美景到永远，
幸福生活来相伴！
冬去春来光阴似箭，流年不复返，
人生须尽欢！
说一声珍重，道一声平安，祝春节快乐！

祝愿：
一元复始，万象更新；

年年如意，岁岁平安；
财源广进，富贵吉祥；
幸福安康，吉庆有余；
竹报平安，财福满门；
喜气洋洋，万事顺心。

一家和和睦睦，一年开开心心，
一生快快乐乐，一世平平安安，
天天精神百倍，月月喜气洋洋，
年年财源广进。春节快乐！

无钱不恼，有钱不骄，生活不易知足最好；
快乐多多，烦恼少少，健康常伴平安笼罩；
友情拥抱，亲情围绕，紫气东来福运缭绕。
送您一杯香醇酒，愿您跟着好运走。

春到福来幸福至，家兴国富天下安。
恭祝您_____年行好运，
亲情、友情、爱情伴左右，
健康、快乐、平安不离身，
工作、生活、家庭称心意。

新春送喜，吉祥如意，
燃起热情，享受团聚，
祥瑞新年，普照新年，

酒桌小百科

劝酒时需要注意什么？

★ 劝酒都是在熟人和同级别的人之间进行的，等级不够时就不要向领导劝酒，尤其是不要逼领导喝酒。

★ 餐桌上有人因为开车、不喜欢喝酒、酒量小而不喝酒，或对方是异性时，也不要劝酒。

感受喜庆，把握圆满，
愿身体健康，万事如意，
新年崛起，事业再创奇迹。

酒香飘万里，情谊永相随。
新春佳节，举杯邀明月，对影成三人。
愿您在新的一年里事业有成，步步高升，
家庭和睦，幸福安康。
让我们共同举杯，为美好的明天干杯!

欢欢喜喜迎新年，开开心心过大年，
平平安安吉祥年，快快乐乐喜庆年，
团团圆圆团圆年，顺顺利利顺心年，
舒舒服服舒心年，祝您长长久久岁岁年年!

年终岁末，承前启后。
总结过去，烦恼丢掉。
一年辛劳，圆满结束。
放飞梦想，继续起航。
新年进步，再接再厉。
祝您开心，幸福快乐。
新春吉祥，万事如意。

03 元宵节的祝酒佳句

灯圆月圆人团圆，国逢盛世歌舞喧，
百花齐放开笑脸，礼花缤纷夜空闪，
亲人举杯笑开颜。
酒不醉人人自醉，但愿日日得言欢。
祝元宵佳节开心不断!

灯火辉煌映团圆，元宵佳节共婵娟。

愿您事业有成步步高，家庭和睦乐陶陶，
身体健康福寿全，笑口常开喜洋洋！

岁月如诗，句句悠扬；
亲情如歌，余音绕梁；
佳节借吉，恭贺安康；
你我情谊，亘古绵长！
十五元宵节，举杯邀明月，
倾心祝福您，安泰又吉祥！

一碗元宵热气腾，欢聚一堂诉亲情，
全家欢聚猜灯谜，百发百中事业兴，
一年一度元宵节，愿您财源滚滚来，
祝您元宵节心想事成，万事如意。

天上月儿圆，地上花争艳。
花好月圆过好年，月圆人圆乐团圆，
甜甜蜜蜜吃汤圆，事事如意好事连。
祝您元宵节合家团圆，幸福快乐赛神仙！

晴天、雨天、阴天，愿你开心每一天；
亲情、友情、爱情，愿你天天好心情；
爱心、真心、关心，只愿你天天顺心；
诚意、情意、心意，只愿你万事如意。
元宵节快乐！

祝酒词顺口溜

传统节日祝酒词 第十五章

酒桌小百科

啤酒的代表种类有哪些？

★艾尔啤酒（顶部发酵工艺）：福佳白（以专门制作传统风味的比利时白啤酒而闻名）。

★拉格啤酒（底部发酵工艺）：百威（世界啤酒巨头之一，创立于美国）、青岛（中国最知名的啤酒品牌之一）。

圆圆的十五圆圆梦，圆圆的月亮圆圆镜；
圆圆的元宵圆圆情，圆圆的佳节圆圆庆；
圆圆的美梦圆圆成，圆圆的甜情圆圆升。
祝您元宵节圆圆满满，满满圆圆！

元宵节，家团圆，许个心愿圆又圆：
日圆，月圆，团团圆圆；
官源，财源，左右逢源；
人缘，福缘，源源不绝。
真诚地祝福您：愿愿遂心！元宵节快乐！

尝一口友情的美酒，握一把祝福的双手，
元宵的好运跟随您走，愿您财源广进最永久，
人缘通达众皆口，好运佳缘为您守，
伴您快乐无烦忧。祝您元宵快乐！

一元复始大地春，正月十五闹元宵，
圆月高照星空灿，灯火辉煌闹春年。
万家灯火歌声扬，团团圆圆品汤圆，
其乐融融笑声甜，幸福滋味香飘然。
祝您全家团圆，幸福甜蜜蜜！

明月一轮照人间，元宵佳节人团圆，
推杯换盏品汤圆，赞不绝口送祝愿，
饭后同猜灯谜玩，开开心心乐翻天。
祝您元宵快乐伴，幸福美满每一天！

04 清明节的祝酒佳句

饮酒思源，缅怀先人；
敬酒祭祖，庆贺家宴。

一杯清酒敬祖先，但愿天国人平安，
生者当知先人愿，珍惜生活每一天！

清明时节雨纷纷，祭奠故人思先行，
相携蹒跚一二影，香蜡冷酒话情深，
世事无常成泡影，古往今来代代承，
人情冷暖今生有，重情重义重人生。
清明多保重！

清明时节祭英灵，祈福祷告情深深。
扫墓祭奠情谊长，寄思念，感殷殷；
诗酒风流聚一堂，敬丹青，赏乐章。
祝酒词中道平安，吉祥如意息危险。
神州大地风景美，春暖花开满山川。
清明佳节相逢，情谊浓，友谊牢。

清明节，愿您：
思绪"清"清楚楚，
平安"安"安全全，
心情"清"清爽爽，
健康"康"康宁宁，
生活"清"清静静，
幸福"明"明白白！

祝酒词

顺口溜

借着这清明之际，
让我们共同饮下一杯酒，
祭奠逝去的亲人，
让他们在天堂安息。
同时，也祝愿所有的亲人都能够平安幸福。

清明时节雨纷纷，扫墓祭祖悲断肠，
焚香烧纸寄哀思，浊酒一杯敬先人。
如今已是两相隔，逝者安息天堂上，
保佑家人皆安康。
清明时节，愿家人福寿安康！

同甘共苦，更要固守平淡；
骨肉相连，更要心手相牵。
清明祭祖，更要家人珍惜在一起的时光。
祝清明安康！

清明时节哀思寄，天上人间两分离；
朵朵鲜花寄心语，纷纷纸钱燃情意；
今生未了，来生再续，共享富贵，共担风雨。
唯愿好友平安健康，把美好的生活更珍惜。

流光溢彩岁月悠，金风难得玉露求；
少年哪解轻舟梦，古今棋局各自走；
游客眼中多美景，谁懂耕作累黄牛；
闲情怎在清明节，唤醒人生几度秋。
清明安康！

清明时节雨纷纷，黄花杨柳风含悲；
祭祀先人怀旧忆，相思一片起心底；
缅怀时光流年逝，祝福朋友康乐福；
珍惜眼前好时光，幸福生活万年长。
清明安康！

清明时节雨潇潇，墓碑无声风飘飘，
拂动松柏轻轻摇，吹下泪花一道道。
哀伤在心青烟绕，纸钱纷飞薄酒倒，
祝愿天国永安好，生者携手乐陶陶。
祝清明安康！

05 劳动节的祝酒佳句

家和睦，人似仙，潇洒走人间；
酒当歌，曲轻弹，霓霞舞翩翩；
花儿美，碧水涟，日月彩云间；
梦成真，福禄全，祝愿劳动节快乐。

"五一"劳动节到了，我送您"五个一"：
一杯清酒解解愁，一曲清歌消消困，
一壶清茶暖暖胃，一缕清风洗洗肺，
一片清凉静静心。劳动节快乐！

勤工作，多挣钱，快乐在人间；
对酒歌，对花眠，幸福在身边；
心欢畅，体安健，逍遥似神仙。
劳动节好好休息，祝君事事如愿。

酒桌小百科

葡萄酒按照含糖量，可以分为哪几种？

★干葡萄酒：糖分几乎完全发酵，每升酒中含糖量小于或低于 4 克。饮用时没有甜味，酸味明显。

★半干葡萄酒：每升酒中含糖量在 4.1 克—12 克之间。饮用时有微甜感。

★半甜葡萄酒：每升酒中含糖量在 12.1 克—45 克之间。饮用时有甘甜感。

★甜葡萄酒：每升酒中含糖量等于或大于 45.1 克，饮用时有明显的甜感。

祝酒词
顺口溜

一杯清茶润润嘴，一壶清酒暖暖胃，
一阵清风洗洗肺，一缕清香心儿醉，
一曲清歌唱不累，"五一"小礼分五类，
一并送上全免费！预祝劳动节快乐！

"五一"悠悠假期长，美酒杯杯香飘飘，
出门转转散散心，四处走走看看景，
祝福句句问声好，情意常常身边绕，
幸福多多没烦恼！祝你节日快乐！

"五一"到，再好的"宝马"也要休息，
愿您放松身心，吹响快乐的"奥迪"，
摇起幸福的"红旗"，乘坐开心的"法拉利"，
在假期里"奔驰"！

让忙碌全部结束，让辛苦赶紧止步，
让快乐心中停驻，让好运陪伴一路。
"五一"劳动节到了，
愿您揣一份悠闲心情，感受温暖阳光！

月很圆，花很香，祝您身体永健康；
手中茶，杯中酒，祝您好运天天有；
欢乐多，忧愁少，愿您明天更美好。
祝"五一"劳动节快乐！

舒展的眉头，快乐的心头，
悠闲的大头，忙碌的小头，
健康的里头，潇洒的外头，
阔绰的手头，挡不住的来头！
"五一"劳动节快乐！

把手边的工作放一放，享受假期的休闲；

把赚钱的脚步缓一缓，感受难得的安详；
把忙碌和奔波忘一忘，体会节日的愉快。
"五一"快乐！

生活是根弦，太紧会崩断，
劳逸应结合，快乐会无限，
工作放一边，放松身体健。
愿你"五一"尽情玩，快乐多！

累了就好好休息，错了别总埋怨自己，
苦了那是幸福的阶梯，伤了才懂得什么是珍惜，
醉了便抛开烦琐事，笑了便忘记曾经哭泣。
每天连着工作很累，"五一"调调口味，
不再面对工作，烦恼不去理会，
朋友经常联系，出门走走不累。祝"五一"快乐！

握紧亲情的手，脸上多点笑容；
喝杯友谊的酒，心中少点烦忧。
"五一"来临，愿你舒展紧锁的眉头，
将快乐尽情收！

06 端午节的祝酒佳句

在这龙舟竞渡的端午佳节，
愿您事业如龙腾飞，家庭如糯米般团聚，

酒桌小百科

商务宴请时应该请老板来点菜吗？

尽量不要请老板点菜。虽然老板应酬的经验比我们丰富，而且我们也要尊重老板，但是请老板来点菜，会让老板觉得不够体面，除非是老板主动要求。

祝酒词 顺口溜

传统节日祝酒词 第十五章

· 173 ·

生活如艾叶般芬芳。
祝您端午节快乐，身体健康，万事如意！

一粽浓情，端午佳节，愿您事业龙腾虎跃，
家庭和睦幸福长，身体康健如龙马，
笑口常开乐无边！

忽而又闻艾叶香，把酒共饮情更长；
香粽传递世间情，雄黄浅尝保吉祥；
世世代代端午节，岁岁年年人盛旺。
祝您端午节快乐，好运常相伴！

粽子好甜怡人醉，共诉人情酒一杯，
道上一句祝福语，端午生色星光辉，
道路平稳无妨碍，心静安宁乐相随。
祝您端午节快乐！

庆端阳，送吉祥。
挂菖蒲，饮雄黄，事业顺畅更辉煌；
缅屈原，划龙舟，爱情事业双丰收；
熏白芷，包粽子，天天都过好日子；
全家聚，喜团圆，生活更比蜂蜜甜！

端午佳节，喜上眉梢，菖蒲高挂，吉祥满屋，
张灯结彩，喜笑颜开，龙舟竞驰，欢喜连连，
粽叶飘香，神清气爽，送份祝福，聊表寸心，
愿君开怀，幸福如意！身体健康，福寿绵长！

五月到端午，
愿您端来快乐，无烦无恼；
端来好运，无时无刻；
端来健康，无忧无虑；
端来财富，五谷丰登；

端来祝福，五彩缤纷。
端午节安康！

端午节，吃粽子，
生活"粽"是那么幸福，
身体"粽"是那么健康，
心里"粽"是那么快乐，
人生"粽"是那么顺畅，
好运"粽"是那么多多。
祝愿您度过一个欢乐汇"粽"的端午节！

送上端午节祝福，愿粽子带给您好运！
祝您：工作"粽"被领导夸，
生活"粽"是多美梦，
钱财"粽"是赚不完，
朋友"粽"是很贴心，
笑容"粽"是把您恋。

端午到，祝福"粽"动员，愿您笑开颜：
薪水"粽"是上涨，工作"粽"是不忙，
前途"粽"是辉煌，爱情"粽"是如糖，
身体"粽"是健康！端午节快乐！

一笑忧愁跑，二笑烦恼消，
三笑心情好，四笑不变老，
五笑兴致高，六笑幸福绕，

酒桌小百科

威士忌酒有几种？

★ 苏格兰威士忌：陈化时间需要至少 3 年以上。品牌：黑方、芝华士。

★ 爱尔兰威士忌：一般陈化 8—15 年。品牌：吉姆逊父子、波威尔。

★ 加拿大威士忌：至少陈化 3 年。品牌：加拿大俱乐部、西格兰姆斯、王冠。

七笑快乐到，八笑收入好，
九笑步步高，十全十美乐逍遥。
端午节快乐！

07 中秋节的祝酒佳句

皓月闪烁，星光闪耀，
中秋佳节，美满时刻，
彩云追月，桂花飘香。
秋空明月悬，又是一年中秋至，
祝大家中秋佳节快乐，
月圆人团圆，人顺心顺事事都顺！

月到中秋分外明，
节日喜气伴你行，人团家圆爱情甜。
送您一朵吉祥花，年年健康有钱花；
送您一杯吉祥酒，温馨甜蜜到永久。
祝您中秋节快乐！

中秋到，圆月照，喜上梢，祝福耀，
没烦恼，兴致高，健康绕，忧愁逃，
常欢笑，容颜俏，好运交，多赚钞，
吉祥罩，幸福抱。中秋快乐！

枫叶红，菊花艳，丹桂香，果满园，
清风爽，云彩淡，雁南飞，天高远，
星辰亮，月渐圆，中秋节，在前边，
饮美酒，月饼甜。喜祝您，笑开颜，
福永远！

中秋佳节喜洋洋，红红灯笼亮堂堂，
烟花带笑福飞扬，好运送到您身旁。

莫管岁月短或长，快乐钻进您心房，
好事到来别着忙，好运陪您永飞翔。
中秋快乐！

中秋佳节，月儿圆，人团圆。
愿我亲爱的亲戚们，
生活甜如蜜，笑容常挂脸；
事业顺顺利利，步步高升；
身体健健康康，福寿双全。
中秋快乐！

亲朋好友们，中秋佳节到，
愿你们的生活如月饼般圆满，
如月亮般明亮。
感谢你们一直以来的关爱和支持，
祝你们健康快乐，幸福美满！

仰首是春，俯首是秋，抬头低头话中秋；
月圆是诗，月缺是画，十五明月空中挂；
问候是茶，祝福是酒，茶浓酒香添盈袖。
中秋了，祝您中秋愉快。

送您一块桂花糕，愿您事业步步高；
送您一碗桂花酿，愿您前途顺又畅；
送您一盏桂花酒，愿您健康福长久；
送您一缕桂花香，愿您中秋佳节合家笑哈哈。

酒桌小百科

与酒有关的名人：刘伶

刘伶是魏晋时期名士，"竹林七贤"之一，他爱喝酒、能喝酒，而且酒量之大举世无双。民间有"杜康酿酒刘伶醉"的传说，说刘伶喝了杜康造的酒，醉了三年才醒。其实两个人并不是一个朝代的人，这只是后人编造的故事。

中秋明月格外圆，照得游子回家转，
不畏迢迢路途远，不畏千里奔波难，
只为全家庆团圆，济济一堂合家欢，
共品月饼共赏月，共叙天伦笑开颜。

中秋到，祝福到。祝您：
合家团圆如中秋明月高悬，生活乐事如中秋葡萄串串，
欢声笑语如中秋清风拂面，心里滋味如月饼层层比蜜甜。

08 重阳节的祝酒佳句

重阳送您九杯酒：
一杯健康酒，一杯快乐酒，
一杯幸运酒，一杯成功酒，
一杯如意酒，一杯吉祥酒，
一杯顺利酒，一杯平安酒，
一杯幸福酒！重阳快乐久久！

感情深深深似海，痴情长久久胜天，
九九重阳温情暖，友谊重聚亲情念，
合家欢乐幸福笑，开心随秋万般好。
幸福重阳，愿您幸福安康！

天若有情天亦老，人间有情更美好。
岁岁今朝，九九重阳，
祝您健康长寿超过久久，
开心微笑在九月九，幸福平安到永久！

六六三十六，一生无忧愁；
七七四十九，平安牵你手；
八八六十四，鸿雁带福至；

九九八十一，好运送给您。
重阳将临，祝您及家人幸福如意，吉祥顺利。

九月九日宴重阳，亲友齐聚登高望，
祈福避灾无疾病，幸福如意身健康。
遍插茱萸迎吉祥，好运围绕财神伴，
合家欢乐业兴旺！

九九重阳一杯酒，别忘联系好朋友。
东篱把酒黄昏后，赏罢菊花香盈袖。
衣带渐宽因秋愁，人与黄花谁更瘦。
登高望远上西楼，千帆过后水悠悠。
赏菊插萸喝花酒，青山绿水好碰头。

九九重阳已来到，
平安的大桥为您架，健康久久；
美好的道路为您铺，幸福久久；
吉祥的云朵为您飘，好运久久；
快乐的浪花为您嗨，开心久久；
爱情的美酒为您酿，甜蜜久久；
事业的云梯为您搭，精彩久久；
真挚的祝福为您发，情谊久久。
愿您度过一个愉快的重阳佳节！

祝酒词 顺口溜

传统节日祝酒词 第十五章

酒桌小百科

吃饭时想要打喷嚏、咳嗽怎么办？

★打喷嚏和咳嗽时，要用纸巾遮挡住口鼻。

★来不及拿纸巾时，要用手遮挡或者把头扭到另一边，然后向大家说一声"对不起"。

★喷嚏和咳嗽不断时，最好离席去洗手间处理，等情况好转以后再回来继续吃饭。

九月九，再聚首，重阳相聚会老友；
是亲友，是朋友，一切尽在杯中酒；
情也深，爱也久，佳节团圆来叙旧；
念今昔，盼永久，每年相聚九月九。
重阳节快乐！

秋凉，菊黄，茱萸叶长，又到重阳；
云归，雨飞，千山万水，思念相随；
叶落，萧索，关山漠漠，情意如昨；
鸿雁，翩跹，划过眼帘，留在心间；
登高，远眺，敞开怀抱，驱走烦恼；
祝福，幸福，收纳百福，一生有福；
朋友，长久，谨致问候，愿你无忧！

九九重阳将到，
登一登高山，心情舒畅，健康久久；
望一望远方，惬意逍遥，开心久久；
插一插茱萸，驱邪避凶，好运久久；
赏一赏菊花，眼界大开，愉悦久久；
发一发祝福，情意绵绵，幸福久久。
祝您重阳开怀，幸福永久！

祝您：
理想，梦想，心想事成；
公事，私事，事事称心；
财路，运路，人生路，路路畅通；
晴天，雪天，天天开心；
亲情，友情，爱情，情情似海。
重阳节快乐！

09 国庆节的祝酒佳句

牛皮是用来吹的，翅膀是用来飞的，
嘴巴是用来吃的，脸颊是用来笑的，
生活是用来幸福的，国庆是用来美的，
祝福是用来给力的，祝您国庆一直是乐的。
送给您最美好的祝福，愿您：
国庆，家庆，普天同庆；
官源，财源，左右逢源；
人缘，福缘，缘缘不断。

十一国庆已来到，祝福话儿身边绕，
开心快乐不能少，温馨美满最重要，
身体健康活到老，平安吉祥是个宝，
幸福生活年年好，甜蜜日子步步高。

国庆节，我把快乐用天装，吉祥用周装，
幸运用时装，平安用刻装，健康用一辈子盛装……
把这一切装进酒杯，递给幸福的您。
喝下它，您每天都会精彩无限。国庆节快乐！

天高气爽贺华诞，金秋十月度国庆，

酒桌小百科

不敢自己去向领导敬酒怎么办？

★ 不敢自己去敬酒时，可以跟随其他同事一起去敬酒。

★ 同事和领导寒暄时，要目视领导。领导发言时，要真诚地看着领导，频频点头。

★ 寒暄结束后，要双手举杯一饮而尽，然后微笑着转身离开。

祝酒词

顺口溜

神州大地花似锦，国强民盛家繁荣，
歌舞升平七天乐，吉利如意事事顺！
祝您国庆快乐，心想事成！

秋高气爽景色佳，天高地阔心舒畅；
九州欢腾带笑颜，欢欢喜喜过国庆；
敲锣打鼓声震天，喜气洋洋冲云霄；
亲朋相聚大团圆，其乐融融笑开怀；
举杯同庆国庆日，太平盛世享幸福；
传情达谊送祝福，朋友心意暖您心；
祝您国庆笑开颜，天天幸福乐呵呵！

国庆佳节到，祝福来报道：
今天给您敬杯酒：
理想，幻想，梦想，心想事成；
公事，私事，心事，事事顺心；
福路，财路，运路，路路畅通；
晴天，阴天，风雨天，天天好心情！
一祝健康身体好，
二祝快乐没烦恼，
三祝升职步步高，
四祝发财变阔佬，
五祝好运跟您跑。